河北南部电网调度运行专业实用技能问答

国网河北电力调度控制中心　组编

中国电力出版社
CHINA ELECTRIC POWER PRESS

内 容 提 要

本书立足河北南网调度运行工作实际，将规章制度与实际业务相结合，以技能问答的形式详细阐述了河北南部电网调度运行各方面的核心问题。本书内容覆盖电网运行理论知识、调度规程规定、调度业务实操技能、电力市场等方面，分为电网基础知识、电网运行调整、电网检修工作规定、电网倒闸操作、电网故障及异常处置、电网新设备投运、电网数据统计与事件汇报、电力现货市场、电网在线安全分析九章，共编写379个问题及其参考答案。

图书在版编目（CIP）数据

河北南部电网调度运行专业实用技能问答 / 国网河北电力调度控制中心组编 . —北京：中国电力出版社，2023.12（2024.8 重印）
ISBN 978-7-5198-8407-9

Ⅰ. ①河… Ⅱ. ①国… Ⅲ. ①电力系统调度－河北－问题解答②电力系统运行－河北－问题解答 Ⅳ. ①TM73-44

中国国家版本馆CIP数据核字（2023）第237909号

出版发行：中国电力出版社
地　　址：北京市东城区北京站西街19号（邮政编码100005）
网　　址：http://www.cepp.sgcc.com.cn
责任编辑：周秋慧（010-63412627）
责任校对：黄　蓓　马　宁
装帧设计：赵丽媛
责任印制：石　雷

印　　刷：固安县铭成印刷有限公司
版　　次：2023年12月第一版
印　　次：2024年8月北京第三次印刷
开　　本：710毫米×1000毫米　16开本
印　　张：12
字　　数：205千字
定　　价：88.00元

编委会

前　言

　　为了总结多年来河北南部电网调度运行的实践经验，促进各级调度运行人员培训学习，提高调度运行人员理论水平与实操技能，打造适应新型电力系统发展需要的素质更高、能力更强的调度运行队伍，服务现代化调度体系建设，守牢大电网安全生命线，国网河北电力调度控制中心组织编写了《河北南部电网调度运行专业实用技能问答》。

　　本书立足河北南部电网调度运行工作实际，将规章制度与实际业务相结合，以技能问答的形式详细阐述了河北南部电网调度运行各方面的核心问题。本书的编写结合了政府相关部门、行业、国家电网公司关于电网调度运行工作的最新规定与要求，包括《中华人民共和国电力法》《电网运行准则》和《国家电网调度控制管理规程》（国家电网调〔2014〕1405号）等规章制度。

　　本书内容覆盖电网运行理论知识、调度规程规定、调度业务实操技能、电力市场等方面，分为电网基础知识、电网运行调整、电网检修工作规定、电网倒闸操作、电网故障及异常处置、电网新设备投运、电网数据统计与事件汇报、电力现货市场、电网在线安全分析九章，共编写379个问题及其参考答案。

　　由于编者水平有限，书中难免存在疏漏或不足之处，恳请广大读者批评指正。

编　者

2023年6月

目 录

第八章 电力现货市场 …………………………………… 128

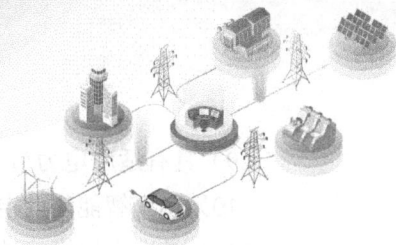

第一章 电网基础知识

一、电网运行基础知识

1. 电力系统的特点是什么？

（1）电力生产的同时性。发电、输电、供电、用电是同时完成的，电能不能大量储存，必须保持发电和用电平衡。

（2）电力生产的整体性。发电厂、变压器、高压输电线路、配电线路和用电设备在电网中形成一个不可分割的整体，缺少任一环节，电力生产都不可能完成；相反，任何设备脱离电网后都将失去意义。

（3）电力生产的快速性。电能输送过程迅速，其传输速度与光速相同，达到30万km/s，即使相距几万千米，发、供、用也都在瞬间实现。

（4）电力生产的连续性。电能的质量需要实时、连续的监视与调整。

（5）电力生产的实时性。电网事故往往发展迅速、涉及面大，需要实时的安全监视与在线的防控措施。

（6）电力生产的随机性。由于负荷变化、异常情况和事故的发生具有随机性，因而电能质量的变化也是随机的。因此，在电力生产过程中需要进行实时调度，并由安全监控系统实时跟踪随机事件，以保证电能质量和电网安全运行。

近年来我国电网发展迅速，随着网架结构的不断加强与控制、保护、通信等技术的不断进步，现代大电网又产生了以下新的特点：

（1）由坚强的超/特高压系统构成主网架。

（2）各电网之间联系较强。

（3）电网电压等级简化。

（4）具有足够的调峰、调频、调压容量，能够实现自动发电控制。

（5）具有较高的供电可靠性，电能在电网和用户间双向流动。

（6）具有可靠的安全稳定控制系统。

（7）具有高度自动化的监控系统。

（8）具有高度现代化的通信系统。

（9）具有适应电力市场运营的技术支持系统。

（10）具有智能化的电网调度、控制和保护系统。

（11）具有大规模接纳可再生能源电力的能力。

（12）可以实现"多网合一"，成为能源、信息的双重载体。

2. 区域电网互联的意义与作用是什么？

（1）可以合理利用能源，加强环境保护，有利于电力工业和社会的可持续发展。

（2）可以在更大范围内进行水、火及新能源发电调度，取得更大的经济效益。

（3）可以安装大容量、高效能的火电机组、水电机组和核电机组，有利于降低造价，节约能源，加快电力建设速度。

（4）可以利用时差、温差，错开用电高峰，利用各地区用电的非同时性进行负荷调整，减少备用容量和装机容量。

（5）可以在各地区之间互供电力、互为备用，可减小事故备用容量，增强抵御事故能力，提高电网安全水平和供电可靠性。

（6）有利于改善电网频率特性，提高电能质量。

3. 什么是电力系统的电流和电压？

电流和电压是电学中的两个基本概念，它们通常用于描述电路中电子的流动行为和电能的传递。

电流是指电子流动的速率，通常用符号I表示，单位是安培（A）。当电子从高电位移动到低电位时，会产生电流。在电路中，电流是由电压驱动的，并且沿着电路中的导体流动。电流的大小取决于电压和电路中的电阻。电压是指电路中两点之间电势差的大小，通常用符号U表示，单位是伏特（V）。电压也称为电势差或电势，它表示电场的强度，即在两个点之间移动电荷的能量差。当电压施加在电路中时，电压将导致电流在电路中流动。

简单来说，电流是指电子的流动，而电压是指推动电子流动的力。在电路中，电流和电压是密切相关的，可以通过欧姆定律来描述它们之间的关系，即$I=U/R$，其中R是电路中的电阻。

4. 什么是电力系统一次、二次设备？各包括哪些设备？

（1）电力系统一次设备是直接生产、输送和分配电能的电气设备，包括：

①生产、变换电能的设备（如发电机、变压器）；②开关、刀闸、接触器等；③限流限压设备（如避雷器、高/低压电抗器）；④接地装置；⑤载流导体（如母线、电力电缆等）。

（2）电力系统二次设备是对一次设备进行控制、测量、监视和保护的电气设备，包括：①测量表计（如电压表、电流表、功率表）；②继电保护及自动装置（如各种继电保护装置、端子排）；③直流设备（如直流发电机、蓄电池等）。

5．什么叫电磁环网？电磁环网对电网运行有何弊端？

电磁环网是指不同电压等级运行的线路，通过变压器电磁回路的连接而构成的环路。一般情况下，往往在高一级电压线路投入运行初期，由于高一级电压网络尚未形成或网络尚不坚强，因此需要保证输电能力或为保护重要负荷而运行于电磁环网方式。

电磁环网对电网运行主要有下列弊端：

（1）易导致系统热稳定破坏。如果在主要的受端负荷中心用高低压电磁环网供电而又带重负荷，当高一级电压线路断开后，所有原来带的全部负荷将通过低一级电压线路（虽然可能不止一回）送出，容易出现超过导线热稳定电流的问题。

（2）易导致系统动稳定破坏。正常情况下，两侧系统间的联络阻抗将略小于高压线路的阻抗。一旦高压线路因故障断开，系统间的联络阻抗将突然显著地增大（突变为两端变压器阻抗与低压线路阻抗之和，而线路阻抗的标幺值又与运行电压的平方成正比），因此极易超过该联络线的暂态稳定极限，可能发生系统振荡。

（3）不利于经济运行。500kV与220kV线路的自然功率值相差极大，同时500kV线路的电阻值也远小于220kV线路的电阻值。在500/220kV环网运行情况下，系统潮流分配难于达到最经济的方式。

（4）需要装设高压等级线路故障停运后的联锁切机、切负荷等安全自动装置。一旦安全自动装置本身拒动、误动，将会影响电网的安全运行。

6．什么是配电网？

配电网是指从电源侧（输电网、发电设施、分布式电源等）接受电能，并通过配电设施就地或逐级分配给各类用户的电力网络，对应的电压等级一般为110kV及以下。配电网涉及高压配电线路和变电站（110、66、35kV）、中压配电线路和配电变压器（20、10、6、3kV）、低压配电线路（220/380V）、用户和分布式电源等四个紧密关联的层次。对配电网的基本要求主要是供电的连续性、可靠性，以及合格的电能质量和运行的经济性等。

7. 配电网有哪些特点？

（1）供电线路长，分布面积广。

（2）发展速度快，用户对供电质量要求高。

（3）经济发展较好地区配电网设计标准要求高，对供电的可靠性要求较高。

（4）配电网接线较复杂，必须保证调度上的灵活性以及运行上的供电连续性和经济性。

（5）随着配电网自动化水平的提高，对供电管理水平的要求也越来越高。

（6）随着分布式电源、储能、增量配电网及微电网的接入，配电网由传统的无源网向有源网转变，配电网物理形态及运行特性发生重大变化。

8. 配电网运行的基本要求是什么？

配电网应安全、可靠、经济地向用户供电，具有必备的容量裕度、适当的负荷转移能力、一定的自愈能力和应急处理能力以及合理的分布式电源接纳能力。

（1）安全技术要求。

1）保证持续供电是对配电网的第一要求。

2）及时发现网络的非正常运行情况和设备存在的缺陷情况是对配电网的第二要求。

3）迅速隔离故障，最大限度地缩小停电范围，满足灵活供电需要是对配电网的第三要求。

（2）电能质量要求。

1）频率。我国频率的额定值是50Hz，频率的偏差允许值一般为±0.2Hz。

2）电压。配电网在与用户公共连接点处的电压允许偏差应符合以下规定：

a. 35～110kV供电电压正负偏差的绝对值之和不超过标称电压的10%。

b. 10kV及以下三相供电电压允许偏差为标称电压的±7%。

c. 220V单相供电电压允许偏差为标称电压的+7%与−10%。

对供电点短路容量较小、供电距离较长以及对供电电压偏差有特殊要求的用户，由供、用电双方协议确定电压允许偏差。

3）波形。三相电压和三相电流的波形应该是对称的正弦波形。

（3）经济运行要求。在保证持续供电、用户接受合格电能的同时，要求配电网在最经济的状态下运行，可以从以下几个方面加以考虑：

1）根据负荷变化情况改变配电网络的供电方式。

2）根据负荷变化情况改变变压器的运行方式，使之处于经济运行状态。

3）降低变压器的铁芯损耗，使用节能型的变压器。

4）结合工程改变供电路径，使用节能设备、器材，避免迂回供电。

9. 配电网都有哪些结构？

（1）高压配电网的主要结构有辐射状结构、链式结构和环网结构。

（2）中压配电网架空线路的结构主要有多分段适度联络、多分段单联络和多分段单辐射；中压配电网电缆线路结构主要有双环式结构、单环式结构。

（3）低压配电网网络结构主要有开式低压网络和闭式低压网络。

10. 什么是"双花瓣"配电网？

"双花瓣"接线方式配电网由两个"花瓣"组成，每一个"花瓣"来自同一个变电站同一母线，形成一个合环运行网络。"双花瓣"之间接入的环网室母联开关热备用状态如图1-1所示。

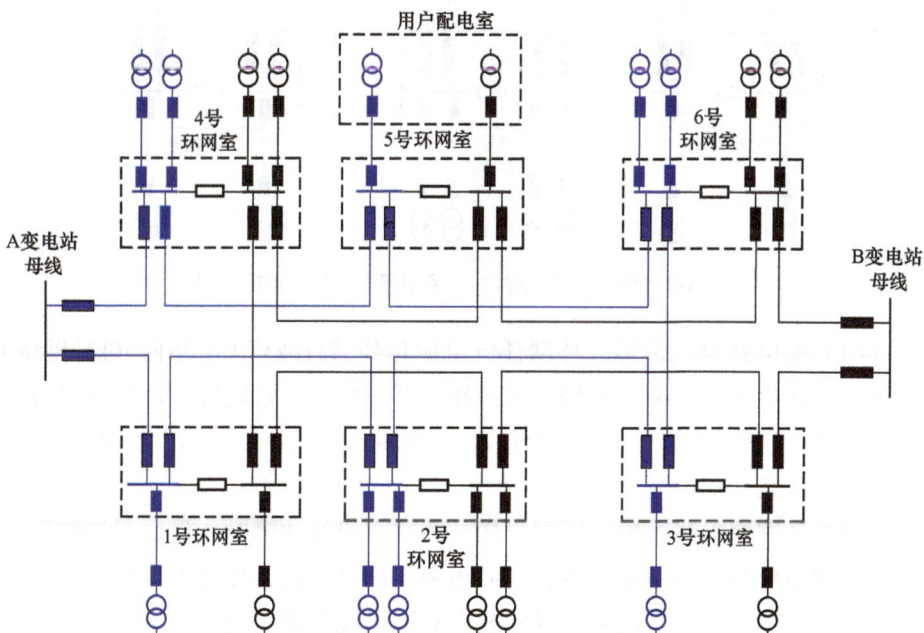

图 1-1 "双花瓣" 配电网拓扑图

11．"双花瓣"配电网的特点是什么?

"双花瓣"配电网可以实现单一线路故障时系统不停电;母线事故或同一环两条线路故障时瞬时停电,通过母联开关恢复供电,大大提高了配电网的供电可靠性。具体故障分析如下。

(1)线路故障。环网内任一段电缆故障时,光纤纵差保护动作,故障线路两侧开关跳开,环网解列,由合环运行转为开环运行,运行方式发生变化,而与停电线路密切相关的用户负荷仅改变了供电方向,网络连续供电,如图1-2所示。

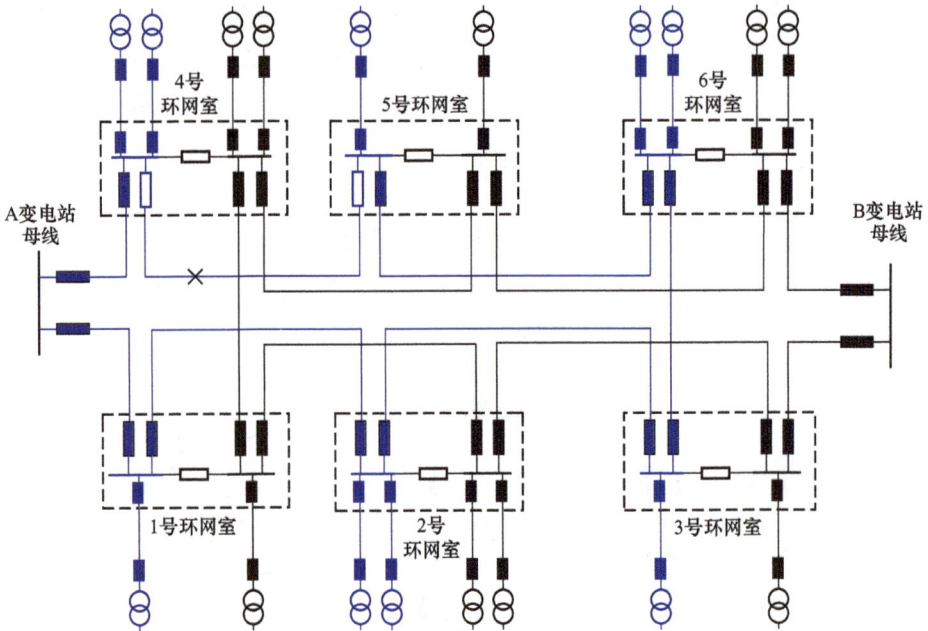

图 1-2 任一电缆故障后 "双花瓣" 配电网拓扑图

(2)变电站母线故障。环网任一电源母线(110kV变电站内10kV母线)故障时,所有相关环网室母线进线及环线开关跳开,短时停电,环网室内母联开关自投动作合闸,接通停电母线,确保供电快速恢复,网内不损失负荷,如图1-3所示。

(3)环网室母线故障。环网内任一环网室母线故障时,母线保护装置动作,故障母线相关开关全部跳开,并闭锁母联开关的自投装置。故障母线停电,故障隔离,其他环网室不受影响,故障母线所带负荷通过用户内部低压转移,如图1-4所示。

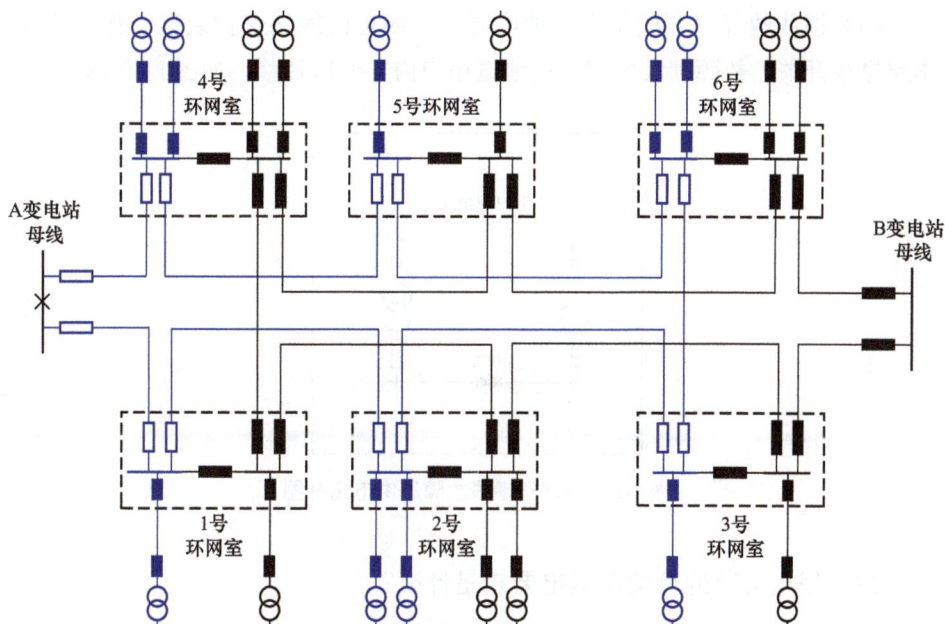

图1-3 任一电源母线故障后 "双花瓣" 配电网拓扑图

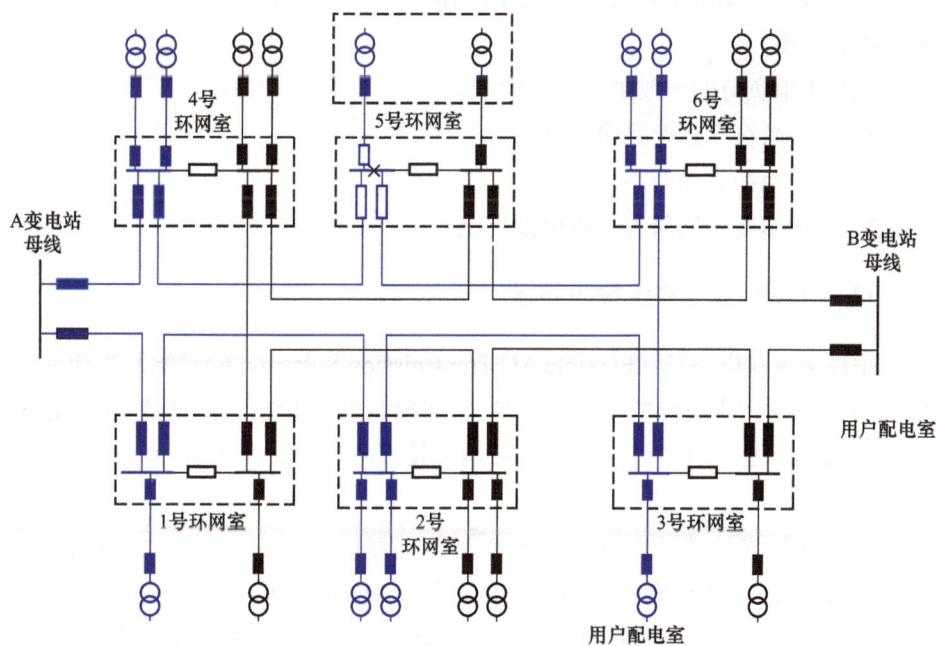

图1-4 任一环网室母线故障后 "双花瓣" 配电网拓扑图

（4）馈线故障。环网室馈线故障时，馈线柜的线路保护装置动作，跳开本路馈线开关。故障馈线所带负荷通过用户内部低压转移，如图1-5所示。

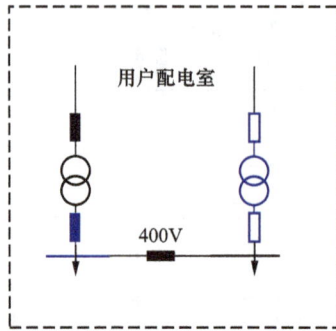

图 1-5　环网室馈线故障后供电拓扑图

12. 用电负荷的分类及供电要求是什么？

（1）按对供电可靠性要求分类，可分为一级负荷、二级负荷和三级负荷。

（2）按用电性质分类，可分为工业用电、城市生活用电、农业用电和交通运输用电。

（3）按工作制分类，可分为连续工作制负荷、短时工作制负荷和反复短时工作制负荷。

（4）用电负荷的一般供电要求如下。

1）一级负荷应由两路电源供电。

2）二级负荷宜由两路电源供电。

3）三级负荷一般只有一路电源供电。

13. 什么是柔性交流输电技术？

柔性交流输电系统（Flexible AC Transmission System，FACTS）是指装有电力电子型或其他静止型控制器以加强系统可控性和增加功率传输能力的交流输电系统，是利用现代大功率电力电子技术改造传统交流电力系统的一项重大改革。

FACTS技术是基于电力电子技术改造交流输电的系列技术，它对交流电的无功（电压）、电抗和相角进行控制，能有效提高交流系统的安全稳定性，使传统的交流输电系统具有更高的柔性和灵活性，使输电线路得到充分利用，以满足电力系统安全、可靠和经济运行的目标。

14. 什么是柔性直流输电技术?

柔性直流输电系统是20世纪90年代开始发展的一种以电压源换流器（VSC）、开关断器件（如绝缘栅双极型晶体管IGBT）和脉宽调制（PWM）技术为基础的新型直流输电技术。柔性直流输电的核心仍是直流输电技术。柔性直流输电系统由换流站和直流输电线路构成，柔性直流输电功率可以双向连续调节，任意换流站既可以作为整流站也可以作为逆变站运行，其中处在送电端的换流站工作在整流模式，处在受电端的换流站工作在逆变模式。

柔性直流输电系统可以通过电力电子器件的开通或关断来调节换流器出口电压的幅值以及与系统电压之间的功角差，从而独立地控制输出的有功功率和无功功率。

15. 短路电流超标会对电网运行产生什么影响? 如何限制电网短路电流?

当电网短路电流增长到一定水平时，就会超过开关的遮断容量，从而使电网时刻处于因开关无法开断故障电流而使事故扩大的危险之中。

限制电网短路电流的手段有很多。对于三相短路，要限制三相短路电流，应增加全系统的正序阻抗，如改变电网接线方式、多母线分裂运行或母线分段运行、采用高阻抗变压器、加装限流电抗器或其他短路电流限制装置等。对于单相短路，所有限制三相短路电流的方法都适用，另外还可以通过增加网络的零序阻抗来实现，如减小变压器中性点接地的数目、变压器及自耦变压器中性点经小电抗接地、限制自耦变压器的使用等。但上述办法不能从根本上解决短路电流超标问题，只有通过合理规划电网结构，发展更高电压等级的输电线路，才能消除电网安全隐患。

16. 什么是保证电力系统安全稳定的"三道防线"?

电力系统安全稳定的"三道防线"，是在电力系统受到不同扰动时对电网保证安全可靠供电方面提出的要求。

（1）当电网发生常见的概率高的单一故障时，电力系统应当保持稳定运行，同时保持对用户的正常供电。

（2）当电网发生性质较为严重但概率较低的单一故障时，要求电力系统保持稳定运行，但允许损失部分负荷（或直接切除某些负荷，或因系统频率下降，负荷自然降低）。

（3）当电网发生了罕见的多重故障（包括单一故障发生时继电保护动作

不正确等）时，电力系统可能不能保持稳定，但必须有预定的措施，以尽可能缩小故障影响范围和缩短影响时间。

17．什么是跨步电压？

通过接地网或接地体流到地中的电流，会在地表及地下深处形成一个空间分布的电流场，并在离接地体不同距离的位置产生一个电位差，这个电位差叫作跨步电压。跨步电压与入地电流强度成正比，与接地体的距离平方成反比。因此，在靠近接地体的区域内，如果遇到强大的雷电流，跨步电压较高时，易导致对人、畜的伤害。

18．避雷线和避雷针的作用是什么？避雷器的作用是什么？

避雷线和避雷针的作用是防止直击雷，使得在它们保护范围内的电气设备（架空输电线路及变电站设备）遭直击雷绕击的概率减小。

避雷器的作用是通过并联放电间隙或非线性电阻的作用，对入侵流动波进行削幅，降低被保护设备所受的过电压值。避雷器既可以用于防护大气过电压，也可以用于防护操作过电压。

19．电力系统负荷分为哪几类？什么是负荷调整？

电力系统的负荷大致可以分为同步电动机负荷，异步电动机负荷，电炉、电热负荷，整流负荷，照明用电负荷，网络损耗负荷等类型。

负荷调整是指根据电力系统的实际情况，按照各类用户不同的用电规律，合理地安排用电时间，把系统高峰分散，使一部分高峰时段的负荷转移到低谷时段使用，达到削峰填谷的目的，以求得发电、供电和用电之间的平衡。

20．什么是电网调峰？

电能不能大量储存，电能的发出和使用是同步的，所以需要使用多少电量，发电部门就必须同步发出多少电量。电力系统中的用电负荷是经常发生变化的，为了维持用功功率平衡，保持系统频率稳定，需要发电部门相应改变发电机的出力以适应用电负荷的变化，这个过程叫作调峰。

21．电网调峰的手段有哪些？

（1）抽水蓄能电厂改发电机状态为电动机状态，调峰能力接近额定容量的200%。

（2）水电机组减负荷调峰或停机，调峰以最小出力（考虑震动区）接近额定容量的100%。

（3）燃油（气）机组减负荷，调峰能力在额定容量的50%以上。

（4）燃煤机组减负荷、启停调峰、少蒸汽运行、滑参数运行，调峰能力分别为额定容量的30%～50%（若投油或加装助燃器可减至更低）、100%、100%、40%。

（5）核电机组减负荷调峰。

（6）调整储能装置充放电功率。

（7）通过对用户侧负荷管理的方法，采用削峰填谷的方法调峰。

22. 电网调度管理原则是什么？

根据《中华人民共和国电力法》规定，电网运行实行统一调度、分级管理，任何单位和个人不得非法干预电网调度。

23. 国家电网调度系统包括哪些单位？

电网调度系统包括各级电网调度控制机构（简称调控机构）、厂站运行值班单位及输变电设备运维单位。调控机构是电网运行的组织、指挥、指导、协调机构。国家电网调控机构分为五级，依次为国家电力调度控制中心（简称国调）、国家电力调度控制分中心（简称分中心）、省（自治区、直辖市）电力调度控制中心（简称省调）、地市（区、州）电力调度控制中心（简称地调）、县（市、区）电力调度控制中心（简称县调）。

24.《电网调度管理条例》规定的调度规则有哪些？

（1）发电厂必须按照调控机构下达的调度计划和规定的电压范围运行，并根据调度指令调整功率和电压。

（2）发电、供电设备的检修，应当服从调控机构的统一安排。

（3）出现紧急情况时，值班调度人员可以调整日发电、供电调度计划，发布限电、调整发电厂功率、开或者停发电机组等指令；可以向本电网内的发电厂、变电站的运行值班单位发布调度指令。

（4）省级电网管理部门、省辖市级电网管理部门、县级电网管理部门应当根据本级人民政府生产调度部门的要求、用户的特点和电网安全运行的需要，提出事故及超计划用电的限电序位表，经本级人民政府的生产调度部门审核，报本级人民政府批准后，由调控机构执行。

（5）未经值班调度人员许可，任何人不得操作调控机构调度管辖范围内的设备。电网运行遇有危及人身及设备安全的情况时，发电厂、变电站运行值班单位的值班人员可以按照有关规定处理，处理后应当立即报告有关调控机构的值班人员。

25. 电力公开、公平、公正调度应当遵循什么原则？

（1）贯彻国家能源政策、环保政策和产业政策，认真执行国家和行业的有关标准、规定。

（2）执行电网调度规则，维护电网运行秩序，保障电力系统的安全、优质、经济运行，充分发挥电力系统能力，最大限度地满足社会的电力需求。

（3）遵守电力市场规则，发挥市场调节作用，促进资源优化配置。

（4）依据并网调度协议和购售电合同，督促各方履行义务，维护并网发电厂和电力用户的合法权益。

26. 电力安全生产的目标是什么？

根据《电力安全生产监管办法》，电力安全生产的目标是维护电力系统安全稳定，保证电力正常供应，防止和杜绝人身死亡、大面积停电、主设备严重损坏、电厂垮坝、重大火灾等重、特大事故以及对社会产生重大影响的事故发生。

27. 电力安全生产"三杜绝、三防范"指什么？

"三杜绝"是指杜绝大面积停电事故、杜绝人身死亡事故、杜绝重特大设备事故。

"三防范"是指格防范重大网络安全事件、严格防范重特大火灾、严格防范恶性误操作。

28. 电网运行严禁"三超三吃"指什么？

严禁"三超"是指严禁超供电能力、超稳定极限、超设备能力。

严禁"三吃"是指严禁吃预测、吃旋备、吃周波。

29. 电力安全事故的定义和分类是什么？

《电力安全事故应急处置和调查处理条例》（国务院599号令）规定，电力安全事故是指电力生产或者电网运行过程中发生的影响电力系统安全稳定运行或者影响电力正常供应的事故（包括热电厂发生的影响热力正常供应的事故）。根据电力安全事故影响、电力系统安全稳定运行或者影响电力（热力）正常供应的程度，电力安全事故分为特别重大事故、重大事故、较大事故和一般事故。

30.《国家电网有限公司调控机构安全工作规定》中对安全生产的目标有何规定？

（1）不发生有人员责任的一般及以上电网事故。

（2）不发生有人员责任的一般及以上设备事故。

（3）不发生重伤及以上人身事故。

（4）不发生危害电网安全的电力监控系统网络安全事件。

（5）不发生通信故障引起的五级及以上设备事件。

（6）不发生有人员责任的五级信息系统事件。

（7）不发生有人员责任的误调度、误操作事件。

（8）不发生调控生产场所火灾事故。

（9）不发生影响公司安全生产的其他事故。

二、电力安全工作规程

31. 在电气设备上工作，保证安全的组织措施有哪些？

（1）现场勘察制度。现场勘察包括查看现场施工（检修）作业需要停电的范围，以及保留的带电部分和作业现场的条件、环境及其他危险点等。变电检修（施工）作业，工作票签发人或工作负责人认为有必要现场勘察的，检修（施工）单位应根据工作任务组织现场勘察，并填写现场勘察记录。现场勘察由工作票签发人或工作负责人组织。

（2）工作票制度。在电气设备上的工作，应填用工作票或事故紧急抢修单，其方式有下列六种：变电站（发电厂）第一种工作票、电力电缆第一种工作票、变电站（发电厂）第二种工作票、电力电缆第二种工作票、变电站（发电厂）带电作业工作票、变电站（发电厂）事故紧急抢修单。

（3）工作许可制度。工作许可人在完成施工现场的安全措施后，需会同工作负责人到现场再次检查所做的安全措施，对具体的设备指明实际的隔离措施，证明检修设备确无电压；向工作负责人指明带电设备的位置和注意事项；与工作负责人在工作票上分别确认、签名。

（4）工作监护制度。工作许可手续完成后，工作负责人、专责监护人应向工作班成员交待工作内容、人员分工、带电部位和现场安全措施，进行危险点告知，并履行确认手续，工作班方可开始工作。工作负责人、专责监护人应始终在工作现场，对工作班人员的安全认真监护，及时纠正不安全的行为。

（5）工作间断、转移和终结制度。

1）工作间断时，工作班人员应从工作现场撤出。每日收工，应清扫工作地点，开放已封闭的通道，并电话告知工作许可人。若工作间断后所有安全措施和接线方式保持不变，工作票可由工作负责人执存。次日复工时，工作负责人应电话告知工作许可人，并重新认真检查确认安全措施是否符合工作票要求。间断后继续工作，若无工作负责人或专责监护人带领，作业人员不得进入工作地点。

2）在同一电气连接部分用同一张工作票依次在几个工作地点转移工作时，全部安全措施由运维人员在开工前一次做完，不需再办理转移手续。但工作负责人在转移工作地点时，应向作业人员交待带电范围、安全措施和注意事项。

3）全部工作完毕后，工作班应清扫、整理现场。工作负责人应先周密地检查，待全体作业人员撤离工作地点后，再向运维人员交待所修项目、发现的问题、试验结果和存在问题等，并与运维人员共同检查设备状况、状态，以及有无遗留物件、是否清洁等，然后在工作票上填明工作结束时间。经双方签名后，表示工作终结。

待工作票上的临时遮栏已拆除，标示牌已取下，已恢复常设遮栏，未拆除的接地线、未拉开的接地刀闸等设备运行方式已汇报调控人员后，工作票方告终结。

4）只有在同一停电系统的所有工作票都已终结，并得到值班调控人员或运维负责人的许可指令后，方可合闸送电。

32. 在电气设备上工作，保证安全的技术措施有哪些？

（1）停电。
（2）验电。
（3）接地。
（4）悬挂标示牌和装设遮栏（围栏）。

33．什么是全部停电的工作？

全部停电的工作，是指室内高压设备全部停电（包括架空线路与电缆引入线在内），并且通至邻接高压室的门全部闭锁，以及室外高压设备全部停电（包括架空线路与电缆引入线在内）的工作。

34．什么是不停电工作？

（1）工作本身不需要停电并且不可能触及导电部分的工作。

（2）可在带电设备外壳上或导电部分上进行的工作。

35．工作票签发人的安全责任有哪些？

（1）确认工作必要性和安全性。

（2）确认工作票上所列安全措施是否正确完备。

（3）确认所派工作负责人和工作班人员是否适当和充足。

36．工作负责人的安全责任有哪些？

（1）正确组织工作。

（2）检查工作票所列安全措施是否正确完备，是否符合现场实际条件，必要时予以补充完善。

（3）工作前，对工作班成员进行工作任务、安全措施、技术措施交底和危险点告知，并确认每个工作班成员都已签名。

（4）严格执行工作票所列安全措施。

（5）督促工作班成员遵守规程，正确使用劳动防护用品和安全工器具，执行现场安全措施。

（6）关注工作班成员身体状况和精神状态是否出现异常迹象，人员变动是否合适。

37．工作许可人的安全责任有哪些？

（1）负责审查工作票所列安全措施是否正确、完备，是否符合现场条件。

（2）审查工作现场布置的安全措施是否完善，必要时予以补充。

（3）负责检查检修设备有无突然来电的危险。

（4）对工作票所列内容即使产生很小疑问，也应向工作票签发人询问清楚，必要时应要求作出详细补充。

38．专责监护人的安全责任有哪些？

（1）确认被监护人员和监护范围。

（2）工作前，向被监护人员交待监护范围内的安全措施，告知危险点和安全注意事项。

（3）监督被监护人员遵守本规程和现场安全措施，及时纠正被监护人员的不安全行为。

39．工作班成员的安全责任有哪些？

（1）熟悉工作内容、工作流程，掌握安全措施，明确工作中的危险点，并在工作票上履行交底签名确认手续。

（2）服从工作负责人（监护人）、专责监护人的指挥，严格遵守操作规程和劳动纪律，在确定的作业范围内工作，对自己在工作中的行为负责，互相关心工作安全。

（3）正确使用施工器具、安全工器具和劳动防护用品。

40．全部工作完毕，工作负责人还需履行哪些手续后，方可表示工作终结？

工作负责人应先周密地检查，待全体作业人员撤离工作地点后，再向运维人员交待所修项目、发现的问题、试验结果和存在问题等，并与运维人员共同检查设备状况、状态，以及有无遗留物件，是否清洁等，然后在工作票上填明工作结束时间。经双方签名后，表示工作终结。

41．线路作业时变电站和发电厂的安全措施？

（1）线路的停、送电均应按照值班调控人员或线路工作许可人的指令执行，禁止约时停、送电。停电时，应先将该线路可能来电的所有开关、线路刀闸、母线刀闸全部拉开，手车开关应拉至试验或检修位置，验明确无电压后，在线路上所有可能来电的各端装设接地线或合上接地刀闸。在线路开关和刀闸操作把手上或机构箱门锁把手上均应悬挂"禁止合闸，线路有人工作！"的标示牌，在显示屏上开关或刀闸的操作处应设置"禁止合闸，线路有人工作！"的标记。

（2）值班调控人员或线路工作许可人应将线路停电检修的工作班组数目、工作负责人姓名、工作地点和工作任务做好记录。

工作结束时，应得到工作负责人（包括用户）的工作结束报告，确认所有工作班组均已竣工，接地线已拆除，作业人员已全部撤离线路，与记录核对无误并做好记录后，方可下令拆除变电站或发电厂内的安全措施，向线路送电。

42. 在带电的电流互感器二次回路上工作时，应采取哪些安全措施？

（1）禁止将电流互感器二次侧开路（光电流互感器除外）。

（2）短路电流互感器二次绕组，应使用短路片或短路线，禁止使用导线缠绕。

（3）在电流互感器与短路端子之间的导线上进行任何工作，均应有严格的安全措施，并填用二次工作安全措施票。必要时申请停用有关保护装置、安全自动装置或自动化监控系统。

（4）工作中禁止将回路的永久接地点断开。

（5）工作时，应有专人监护，使用绝缘工具，并站在绝缘垫上。

43. 在带电的电压互感器二次回路上工作时，应采取哪些安全措施？

（1）严格防止短路或接地。应使用绝缘工具，戴手套。必要时，工作前申请停用有关保护装置、安全自动装置或自动化监控系统。

（2）接临时负载应装有专用的刀闸和熔断器。

（3）工作时应有专人监护，禁止将回路的安全接地点断开。

三、调度机构职责划分

44. 什么是调度管辖范围？

调度管辖范围（以下简称调管范围）是指调控机构行使调度指挥权的发、输、变电系统，包括直接调度范围（以下简称直调范围）和许可调度范围（以下简称许可范围）。

调控机构直接调度指挥的发、输、变电系统属直调范围，对应设备称为直调设备。

当下级调控机构直调设备运行状态变化对上级或同级调控机构直调发、输、变电系统运行有影响时，应纳入上级调控机构许可范围，对应设备称为许可设备。

上级调控机构根据电网运行需要，可将直调范围内发、输、变电系统授权下级调控机构调度。

45．各级调度机构的管辖范围如何划分？

（1）国调调管范围。

1）国调直调范围：特高压输电系统及跨区联络线；电力跨区消纳的电厂及送出系统。

2）国调许可范围：对国调直调系统运行有影响的发、输、变电系统。

3）有关部门指定的发、输、变电系统。

（2）分中心调管范围。

1）分中心直调范围：国调直调范围外的500kV以上电网、跨省联络线；电力跨省消纳的电厂及送出系统。

2）分中心许可范围：对分中心直调系统运行有影响的发、输、变电系统。

3）国调指定的发、输、变电系统。

（3）省调调管范围。

1）省域内220、330kV电网；电力省内消纳的电厂及送出系统。

2）上级调控机构指定的发、输、变电系统。

（4）地、县调调管范围。

1）10～110kV电网。

2）省调指定的发、输、变电系统。

（5）继电保护、安全自动装置、电网调度自动化及通信等二次设备的调管范围与一次设备一致。

46．调度运行管理的主要任务是什么？

（1）按照最大范围优化配置资源的原则，实现优化调度，充分发挥电力系统的发、输、供电设备能力，最大限度地满足用户的用电需要。

（2）按照电力系统运行的客观规律和有关规定保障电网连续、稳定、正常运行，保证供电可靠性，使电能质量指标符合国家规定的标准。

（3）依据电力市场规则、有关合同或者协议，实施"公开、公平、公正"调度。

47．国调及分中心的主要职责是什么？

（1）对国家电网调度系统实施专业管理，协调各局部电网的调度关系。

（2）负责国家电网500kV以上主网的调度运行管理，指挥直调范围内电网的运行、操作和故障处置。

（3）组织开展调管范围内电网运行方式分析，制定国家电网年度运行方式。

（4）组织制订国家电网主网设备年度停电计划，制订调管设备月度、日前停电计划，受理并批复调管设备的停电、检修申请。

（5）开展国家电网月度、日前电力电量平衡分析，按直调范围制订月度、日前发输电计划。

（6）负责国家电网稳定管理，制定直调电源及输电断面的稳定限额和安全稳定措施。

（7）负责跨区、跨省联络线控制管理，指挥电网频率调整。

（8）负责直调范围内电网无功管理与电压调整。

（9）参与电力系统事故调查，组织开展调管范围内的故障分析工作。

（10）负责组织开展直调范围内电网继电保护和安全自动装置定值的整定计算，负责直调范围内电网继电保护、安全自动装置和调度自动化系统的运行管理。

（11）负责统筹协调与国家电网运行控制相关的通信业务。

（12）参与国家电网发展规划、工程设计审查，组织编制国家电网调控运行专业规划。

（13）受理并批复直调设备新建、扩建和改建的投入运行申请，编制新设备启动调试调度方案并组织实施。

（14）参与签订直调系统并网协议，负责编制、签订相应并网调度协议，并严格执行。

（15）编制直调水电站水库发电调度方案，参与协调水库发电与防洪、防凌、航运、供水等方面的关系。

（16）负责电网调度系统值班人员的考核工作。

48．省调的主要职责是什么？

（1）落实国调及分中心专业管理要求，组织实施省级电网调度控制专业管埋。

（2）负责省级电网调度运行管理，指挥直调范围内电网的运行、操作和故障处置工作。

（3）开展调管范围内电网运行方式分析，根据国家电网年度运行方式制定省级电网运行方式。

（4）根据国家电网主网设备年度停电计划，制订调管设备年度、月度、日前停电计划，受理并批复调管设备的停电、检修申请。

（5）开展省级电网月度、日前电力电量平衡分析，按直调范围制订月度、日前发供电计划。

（6）负责省级电网稳定管理，制定直调电源及输电断面的稳定限额和安全稳定措施。

（7）负责控制区联络线关口控制，参与电网频率调整。

（8）负责直调范围内的无功管理与电压调整。

（9）参与电力系统事故调查，组织开展调管范围内的故障分析工作。

（10）负责组织开展直调范围内电网继电保护和安全自动装置定值的整定计算，负责直调范围内电网继电保护、安全自动装置和调度自动化系统的运行管理，协助开展省域内国调及分中心直调的电网继电保护和安全自动装置运行管理。

（11）负责统筹协调与省级电网运行控制相关的通信业务。

（12）参与省级电网发展规划、工程设计审查，编制省级电网调控运行专业规划。

（13）受理并批复直调设备新建、扩建和改建的投入运行申请，编制新设备启动调试调度方案并组织实施。

（14）参与签订直调系统并网协议，负责编制、签订相应并网调度协议并严格执行。

（15）编制直调水电站水库发电调度方案，参与协调水库发电与防洪、防凌、航运、供水等方面的关系。

（16）行使国调及分中心授予的其他职责。

49．地调的主要职责是什么？

（1）落实上级调控机构专业管理要求，组织实施本地区调度控制专业管理。

（2）负责本地区电网调度运行管理，指挥直调范围内电网的运行、操作和故障处置工作。

（3）开展调管范围内电网运行方式分析，制定本地区电网运行方式。

（4）根据省调主网设备年度停电计划，制订调管设备年度、月度、日前停电计划，受理并批复调管设备的停电、检修申请。

（5）负责所辖电网的稳定管理，制定直调电源及输电断面的稳定限额和安全稳定措施。

（6）负责本地区经济调度管理及调管范围内的网损管理，提出降损措施并督促实施。

（7）负责本地区电网无功管理，根据上级调控机构要求组织开展电压调整。

（8）参与电力系统事故调查，组织开展调管范围内的故障分析工作。

（9）负责组织开展本地区继电保护和安全自动装置定值的整定计算，负责直调范围内电网继电保护、安全自动装置和调度自动化系统的运行管理，协助开展本地区上级调控机构直调的电网继电保护和安全自动装置运行管理。

（10）负责统筹协调与本地区电网运行控制相关的通信业务。

（11）参与本地区电网发展规划、工程设计审查，编制本级电网调控运行专业规划。

（12）受理并批复直调设备新建、扩建和改建的投入运行申请，编制新设备启动调试调度方案并组织实施。

（13）参与签订直调系统并网协议，负责编制、签订相应并网调度协议并严格执行。

（14）行使本单位及上级调控机构授予的其他职责。

50．县调的主要职责是什么？

（1）落实上级调控机构的专业管理要求，组织实施本县域调度控制专业管理。

（2）负责本县域电网调度运行管理，指挥直调范围内电网的运行、操作和故障处置工作。

（3）负责设备监控管理，负责监控范围内设备集中监视、信息处理和远方操作工作。

（4）开展调管范围内电网运行方式分析，制定本县域电网运行方式。

（5）根据地调主网设备年度停电计划，制订调管设备年度、月度、日前停电计划，受理并批复调管设备的停电、检修申请。

（6）负责所辖电网稳定管理，制定直调电源的安全稳定措施。

（7）负责本县域经济调度管理及调管范围内的网损管理，提出降损措施，并督促实施。

（8）负责本县域电网无功管理，根据上级调控机构要求组织开展电压调整。

（9）参与电力系统事故调查，组织开展调管范围内的故障分析工作。

（10）协助地调开展本县域继电保护和安全自动装置定值的整定计算，直调范围内电网继电保护、安全自动装置和调度自动化系统的运行管理，以及本县域上级调控机构直调的电网继电保护和安全自动装置运行管理。

（11）负责统筹协调与本县域电网运行控制相关的通信业务。

（12）参与调管范围内电网调度控制、变电站监控等系统安全防护管理；参与并网发电厂（站）涉网部分的电力监控系统以及相关发电装置安全防护的技术监督管理；参与调管范围内电力监控系统的等级保护、风险评估、隐患排查治理工作。

（13）参与本县域电网发展规划、工程设计审查，编制本级电网调控运行专业规划。

（14）受理并批复直调设备新建、扩建和改建的投入运行申请，编制新设备启动调试调度方案并组织实施。

（15）参与签订直调系统并网协议，负责编制、签订相应并网调度协议并严格执行。

（16）行使本单位及上级调控机构授予的其他职责。

51. 配电网调控机构的主要职责是什么？

（1）接受上级调控机构的调度指挥和管理，执行其下达的调度计划。

（2）落实上级调控机构专业管理要求，负责对所辖配电网实施专业管理和技术监督，参与制定有关管理制度和电网运行技术措施。

（3）负责配电网的安全、优质、经济运行，按调度管辖范围指挥电网的运行、操作和故障处置。

（4）负责监控范围内的设备集中监视、信息处置和远方操作。

（5）负责组织配电网运行方式的分析、编制和执行。

（6）根据主网设备年度停电计划，制订配电网年度、月度、日前停电计划，受理并批复调管设备的停电、检修申请。

（7）负责监督配电网月、日调度计划的执行，并负责调整、检查、考核。

（8）参与所辖配电网事故调查，组织开展配电网故障分析。

（9）负责所辖配电网继电保护及安全自动装置的规划、运行管理、技术管理与监督。执行上级调控机构审定的继电保护及安全自动装置配置方案和运行管理规定。

（10）参与配电网调度自动化、通信系统的规划、运行管理和技术管理。

（11）受理并批复新建、扩建和改建管辖设备投入运行申请，编制新设备启动调试调度方案，并组织实施。

（12）参与地区配电网规划、系统设计和工程设计的审查，编制配电网调控运行专业规划。

（13）按上级调度机构要求执行紧急负荷控制。

（14）参与签订配电网的并网调度协议，并严格执行。

（15）行使上级调控机构批准（或授予）的其他职责。

52. 年度运行方式主要包括哪些内容？

（1）上年度电网运行总结。

1）上年度新设备投产情况及系统规模。

2）上年度生产运行情况分析。

3）上年度电网安全运行状况分析。

（2）本年度运行方式。

1）电网新设备投产计划。

2）电力生产需求预测。

3）电网主要设备检修计划。

4）水电厂水库运行方式预测及新能源预测。

5）本年度电网结构分析、短路容量分析。

6）电网潮流计算、N-1 静态安全分析。

7）系统稳定分析及安全约束。

8）无功电压分析。

9）电网安自装置和低频低压减负荷整定方案。

10）调度系统重点工作开展情况。

11）电网运行年度风险预警。

12）电网安全运行存在的问题、电网结构的改进措施和建议。

13）下级电网年度运行方式概要。

四、典型电网调度术语

53. 调度运行管理常用术语有哪些？

（1）调度管辖范围。是指调控机构行使调度指挥权的发、输、变电系统，包括直调范围和许可范围。

（2）调度同意。值班调度员对其下级调控机构值班调度员、相关集控中心值班员、厂站运行值班人员及输变电设备运维人员提出的工作申请及要求等予以同意。

（3）调度许可。下级调控机构在进行许可设备运行状态变更前征得本级值班调度员许可。

（4）直接调度。值班调度员直接向下级调控机构值班调度员、集控中心值班员、厂站运行值班人员及输变电设备运维人员发布调度指令的调度方式。

（5）间接调度。值班调度员通过下级调控机构值班调度员向其他运行人员转达调度指令的方式。

（6）授权调度。根据电网运行需要将调管范围内指定设备授权下级调控机构直调，其调度安全责任主体为被授权调控机构。

（7）越级调度。紧急情况下值班调度员越级下达调度指令给下级调控机构直调的运行值班单位人员的调度方式。

（8）调度关系转移。经两调控机构协商一致，决定将一方直接调度的某些设备的调度指挥权，暂由另一方代替行使。转移期间，设备由接受调度关系转移的一方调度全权负责，直至转移关系结束。

54. 调度业务联系常用术语有哪些？

（1）调度指令。值班调度员对其下级调控机构值班调度员、集控中心运行值班人员、厂站运行值班人员及输变电设备运维人员发布的有关运行和操作的指令。

1）口头令。由值班调度员口头下达（无须填写操作票）的调度指令。

2）操作令。值班调度员对直调设备进行操作，对下级调控机构值班调度员、集控中心运行值班人员、厂站运行值班人员及输变电设备运维人员发布的有关操作的指令。

（2）发布指令。值班调度员正式向受令人发布调度指令。

（3）接受指令。受令人正式接受值班调度员所发布的调度指令。

（4）复诵指令。值班调度员发布调度指令时，受令人重复指令内容进行确认的过程。

（5）回复指令。受令人在执行完值班调度员发布的调度指令后，向值班调度员报告已经执行完调度指令的步骤、内容和时间等。

（6）许可操作。在改变电气设备的状态和方式前，根据有关规定，由有关人员提出操作项目，值班调度员同意其操作。

（7）配合操作申请。需要上级调控机构的值班调度员进行配合操作时，下级调控机构的值班调度员根据电网运行需要提出配合操作申请。

（8）配合操作回复。上级调控机构的值班调度员同意下级调控机构值班调度员提出的配合操作申请，操作完毕后，通知提出申请的值班调度员配合操作完成情况。

55. 主要设备状态及变更有哪些？

（1）检修。设备的所有开关、刀闸均断开，挂好保护接地线或合上接地刀闸，并在可能来电侧挂好工作牌，装好临时遮栏。

1）开关检修。开关及两侧刀闸拉开，在开关两侧挂上接地线（或合上接地刀闸）。

2）线路检修。线路刀闸及线路高压并联电抗器高压侧刀闸拉开，并在线路出线端合上接地刀闸（或挂好接地线）。

3）串联补偿装置检修。旁路开关在合闸位置，刀闸断开，接地刀闸合上。

4）主变压器检修。变压器各侧刀闸均拉开并合上接地刀闸（或挂上接地线）。

5）母线检修。母线侧所有开关及其两侧的刀闸均在分闸位置，合上母线接地刀闸（或挂接地线）。

6）高压并联电抗器检修。高压并联电抗器各侧的刀闸拉开并合上电抗器接地刀闸（或挂接地线）。

（2）设备备用。

1）备用。泛指设备处于完好状态，所有安全措施全部拆除，接地刀闸在断开位置，随时可以投入运行。

2）热备用。指设备(不包括带串联补偿装置的线路和串联补偿装置)开关断开，而刀闸仍在合上位置。此状态下如无特殊要求，设备保护均应在运行状态。带串联补偿装置的线路，线路刀闸在合闸位置，其他状态同上。

如线路电抗器接有高压并联电抗器抽能绕组，则在线路热备用状态下，抽能绕组低压侧断开。无单独开关的线路高压并联电抗器、电压互感器（TV或CVT）等设备均无热备用状态。

串联补偿装置热备用：旁路开关在合闸位置，串联补偿两侧刀闸合上，接地刀闸断开。

3）冷备用。指线路、母线等电气设备的开关断开，其两侧刀闸和相关接地刀闸处于断开位置。

4）紧急备用。设备停止运行，刀闸断开，但设备具备运行条件（包括有较大缺陷可短期投入运行的设备）。

5）旋转备用。指运行正常的发电机组维持额定转速，随时可以并网，或已并网但仅带一部分负荷，随时可以加出力至额定容量的发电机组。

（3）运行。指设备(不包括串联补偿装置)的刀闸及开关都在合上的位置，将电源至受电端的电路接通。

串联补偿装置运行：旁路开关在断开位置，串联补偿两侧刀闸合上，接地刀闸断开。

（4）充电。设备带标称电压但不接带负荷。

（5）送电。对设备充电并带负荷(指设备投入环状运行或带负荷)。

（6）停电。拉开开关及刀闸使设备不带电。

（7）X次冲击合闸。合断开关X次，以额定电压给设备连续X次充电。

（8）零起升压。给设备由零起逐步升高电压至预定值或直到额定电压，以确认设备无故障。

（9）零起升流。电流由零逐步升高至预定值或直到额定电流。

56. 开关和刀闸操作调度术语有哪些？

（1）合上开关。使开关由分闸位置转为合闸位置。

（2）拉开开关。使开关由合闸位置转为分闸位置。

（3）合上刀闸。使刀闸由断开位置转为接通位置。

（4）拉开刀闸。使刀闸由接通位置转为断开位置。

（5）开关跳闸。

1）开关三相跳闸。未经操作的开关三相同时由合闸转为分闸位置。

2）开关X相跳闸。未经操作的开关X相由合闸转为分闸位置。

（6）开关非全相合闸。开关进行合闸操作时只合上一相或两相。

（7）开关非全相跳闸。未经操作的开关一相或两相跳闸。

（8）开关非全相运行。开关非全相跳闸或合闸，致使开关一相或两相合闸运行。

（9）开关X相跳闸重合成功。开关X相跳闸后，又自动合上X相，未再跳闸。

（10）开关X相跳闸，重合不成功。

开关X相跳闸后，又自动合上X相，开关再自动跳开三相。

（11）开关（X相）跳闸，重合闸未动跳开三相（或非全相运行）。开关（X相）跳闸后，重合闸装置虽已投入，但未动作，××保护动作跳开三相

（或非全相运行）。

（12）开关跳闸，三相重合成功。开关跳闸后，又自动合上三相，未再跳闸。

（13）开关跳闸，三相重合不成功。开关跳闸后，又自动合上三相，开关再自动跳开。

57. 继电保护装置常用术语有哪些？

（1）对分为投入和退出两种状态的保护。

1）投入×设备×保护（×段）。×设备×保护（×段）投入运行。

2）退出×设备×保护（×段）。×设备×保护（×段）退出运行。

（2）对跳闸、信号和停用三种状态的保护。

1）将保护改投跳闸。将保护由停用或信号状态改为跳闸状态。

2）将保护改投信号。将保护由停用或跳闸状态改为信号状态。

3）将保护停用。将保护由跳闸或信号状态改为停用状态。

（3）保护改跳。由于方式的需要，将设备的保护改为不跳本设备开关而跳其他开关。

（4）联跳。某开关跳闸时，同时联锁跳其他开关。

（5）×设备×保护（×段）改定值。×设备×保护（×段）整定值（阻抗、电压、电流、时间等）由某一定值改为另一定值。

（6）母差保护改为有选择方式。母差保护选择元件投入运行。

（7）母差保护改为无选择方式。母差保护选择元件退出运行。

（8）高频保护测试通道。高频保护按规定进行通道对试。

58. 合环、解环常用术语有哪些？

（1）合环。电气操作中将线路、变压器或开关构成的网络闭合运行的操作。

（2）同期合环。检测同期后合环。

（3）解除同期闭锁合环。不经同期闭锁直接合环。

（4）解环。电气操作中将线路、变压器或开关构成的闭合网络断开运行的操作。

59. 并列、解列常用术语有哪些？

（1）核相。用仪表或其他手段对两电源或环路相位检测是否相同。

（2）定相。新建、改建的线路、变电站在投运前分相依次送电，核对三相标志与运行系统是否一致。

（3）核对相序。用仪表或其他手段，核对两电源的相序是否相同。

（4）相位正确。开关两侧A、B、C三相相位均对应相同。

（5）并列。使两个单独运行电网并为一个电网运行。

（6）解列。将一个电网分成两个电气相互独立的部分运行。

60. 线路操作调度术语有哪些?

（1）线路试送电。线路开关跳闸，经检查并处理后的送电。

（2）线路试送成功。线路开关跳闸，经检查并处理后送电正常。

（3）线路试送不成功。线路开关跳闸，经检查并处理后送电，开关再跳闸。

（4）带电巡线。对带电或停电未采取安全措施的线路进行巡视。

（5）停电巡线。在线路停电并挂好地线的情况下巡线。

（6）故障巡线。线路发生故障后，为查明故障原因的巡线。

（7）特巡。在暴风雨、覆冰、雾、河流开冰、水灾、地震、山火、台风等自然灾害和保电、大负荷等特殊情况下的带电巡线。

五、变电设备运行知识

61. 什么是常规变电站?

常规变电站通常是指综合自动化变电站。这种变电站是利用先进的计算机技术、现代电子技术、通信技术和信息处理技术等实现对变电站二次设备的功能进行重新组合、优化设计，对变电站全部设备的运行情况进行监视、测量、控制和协调的一种综合性自动化系统。通过变电站综合自动化系统内部各设备间的相互交换信息、数据共享，完成变电站运行监视和控制任务。

62. 什么是智能变电站?

智能变电站是指变电站信息采集、传输、处理、输出过程全部智能。其基本特征为设备智能化、通信网络化、模型和通信协议统一化、运行管理自动化。智能变电站运用先进的计算机技术、通信技术、控制技术，采用先进、可靠、集成、低碳、环保的智能设备与材料，以全站信息数字化、通信平台网络化、信息共享标准化为基本要求，自动完成信息采集、测量、控制、保护、计量和监测等基本功能，并且可以根据需要支持电网实时自动控制、智能调节、在线分析决策、协同互动等高级功能。

63. 什么是 GIS 设备？

GIS（Gas Insulated Switchgear，全封闭组合电器）是一种以 SF_6 气体为绝缘和灭弧介质的封闭式成套高压电器。GIS 组合电器包括开关、刀闸、接地刀闸、电压互感器、电流互感器、避雷器、母线、电缆终端或套管等，经优化设计有机地组合成一个整体，并封闭于金属壳内，充满 SF_6 气体作为灭弧和绝缘介质。为了便于 GIS 组合电器内各个设备的独立检修，开关、刀闸、接地刀闸、电压互感器、电流互感器、避雷器、母线按照一定的原则设置了一定数量相对独立的设备气室。

64. 什么是 HGIS 设备？

HGIS（Half Gas Insulated Switchgear）设备的结构与 GIS 设备基本相同，但不含母线，它是将开关、刀闸、接地刀闸、电压互感器、电流互感器等元件组合，并封闭于金属壳内，充满 SF_6 气体作为灭弧和绝缘介质组成的封闭组合电器。

65. 500kV 变电站中的主要一次设备有哪些？各自作用是什么？

（1）开关：能够关合、承载和开断正常回路条件下的电流，并且能关合、在规定的时间内承载和开断异常回路（包括短路条件）下的电流的开关装置。

（2）刀闸：在电路中起隔离作用，建立可靠的绝缘间隙，将需要检修的设备或线路与电源用一个明显的断开点断开。其主要特点是无灭弧能力，只能在没有负荷电流的情况下分合电路。

（3）主变压器：变压器是利用电磁感应的原理来实现能量传递和电压变换的电气设备，其主要构件是绕组和铁芯。

（4）站用变压器：供给变电站内部用电的变压器。

（5）电压互感器：电压互感器是一个带铁芯的变压器，电压互感器将高电压按比例转换成低电压，一次侧接一次系统，二次侧接测量仪表、继电保护装置等。电压互感器主要有电磁式、电容式、电子式、光电式，通常用 TV 表示。

（6）电流互感器：原理与电压互感器类似，不同的是电流互感器变换的是电流，将数值较大的一次电流转换成数值较小的二次电流，用于进行保护测量等用途，通常用TA表示。

（7）电力电容器：电力电容器是一种无功补偿装置，是为了减少电网无功损耗，提高功率利用率的有效元件。

（8）电抗器：电抗器也称电感器。电力系统中所采用的电抗器，常见的有串联电抗器和并联电抗器。串联电抗器主要用于限制短路电流，也有在滤波器中与电容器串联或并联，用于限制电网中高次谐波的应用场景。并联电抗器用于吸收电网的充电容性无功，并且可以通过调整并联电抗器的数量来调整运行电压。

（9）母线：变电站中线路和其他电器设备间的总的连接线。母线分为主母线和旁路母线，是用于传输电能、汇集和分配电力的产品。

（10）避雷器：用于保护电气设备免受雷击时的高瞬态过电压危害，并限制续流时间。

66．500kV变电站中的主要二次设备有哪些？各自作用是什么？

（1）各类一次设备的保护装置（变压器保护、母线保护、线路保护、断路器保护、电容器保护、电抗器保护、站用变压器保护等）：保护装置是完成继电保护功能的核心，能反应电网中电气元件发生故障或不正常运行状态，并动作于开关跳闸或发出信号的一种自动装置。

（2）安全稳定自动装置：是用于防止电力系统稳定破坏、防止电力系统事故扩大、防止电网崩溃及大面积停电以及恢复电力系统正常的各种自动装置的总称，如电网安全稳定控制装置、自动重合闸、备用电源或备用设备自动投入、自动切负荷、低频和低压自动减载等。

（3）无功电压自动控制系统（简称AVC）：实现对电容器组、电抗器组设备的自动投切。

（4）故障录波器：是电力系统事故及异常情况重要的自动记录装置。故障录波器不得随意停用。

（5）站端自动化系统：主要包括测控装置、远动通信装置、网络通信设备、保护测控一体装置等。变电站综合自动化系统是利用先进的计算机技术、现代电子技术、通信技术和信息处理技术等实现对变电站二次设备（包括继电保护、控制、测量、信号、故障录波、自动装置及远动装置等）的功能进行重新组合、优化设计，对变电站全部设备的运行情况执行监视、测量、控制和协调的一种综合性的自动化系统。

67. 什么是变压器？

变压器是以电磁感应原理为基础，将一种交流电压（电流）变换成另一种同频率交流电压（电流）的静止电气设备。电力系统中应用的传统电力变压器频率为50Hz或60Hz，直流电压变换的固态变压器频率为1kHz左右，无接触电能传输变压器的频率约为100kHz。变压器依靠耦合绕组传递电能，其内部磁场是空间静止且时间周期交变的脉振磁场。

68. 变压器的分类方法有哪些？

（1）按用途分类：有配电变压器、仪用变压器、电炉变压器、移相变压器、脉冲变压器等。

（2）按频率分类：有工频变压器、中频变压器、高频变压器等。

（3）按绕组数目分类：有单绕组自耦变压器、双绕组变压器、多绕组变压器等。

（4）按铁芯结构分类：有壳式变压器、芯式变压器等。

（5）按相数分类：有单相变压器、三相变压器。

（6）按联结方式分类：有星形、三角形、曲折形、"T"形、"V"形等。

（7）按冷却介质分类：有油浸式变压器、干式变压器等。干式变压器又分为浸渍式、包封绕组式和气体绝缘式三类。

（8）根据容量大小，变压器可以划分为配电变压器、中型变压器和大型变压器三类。配电变压器为容量2500kVA及以下的三相变压器，高压绕组额定电压为35kV及以下，油浸自冷式不装设有载分接开关。中型变压器为容量不超过100MVA的三相变压器。大型变压器为容量超过100MVA的三相变压器。

69. 变压器本体有哪些主要部件及作用？

变压器的主体部件是铁芯和绕组，铁芯是变压器的磁路部分，绕组是变压器的电路部分。变压器主要部件还包括绝缘套管、变压器油、变压器储油柜、气体继电器等。

变压器绝缘套管由中心导电杆、瓷套组成。其作用是：①使带电的引线绝缘；②固定引线。

变压器油的主要作用是绝缘和冷却。它避免了因与空气接触受潮而引起的绝缘性能降低；其绝缘强度比空气大，增加了内部各部件之间的绝缘强度；油的流动，将热量传给冷却装置，从而起到冷却绕组和铁芯的作用。

变压器储油柜水平安装在油箱盖上，用弯曲联管与油箱连接。油枕的容积一般为变压器油箱所装油体积的8%～10%。储油柜的作用为：①起到储油及补油的作用；②减小油与空气的接触面，减缓油的劣化速度。

气体继电器是反应变压器内部故障所用的一种保护装置，装在变压器的储油柜和油箱之间的管道内，利用变压器内部故障而使变压器油分解产生气体或引起油流涌动时，使气体继电器的触点动作，接通指定的控制回路，并及时发出信号告警（轻瓦斯保护动作）或启动保护元件自动切除变压器（重瓦斯保护动作）。

70. 高压断路器的功能有哪些？

高压断路器（或称高压开关）不仅能够关合、承载和开断正常回路条件下高压电路中的空载电流和负荷电流，而且还能在系统发生故障时在规定的时间内承载和（通过继电器保护装置作用）切断异常回路条件下的过负荷电流和短路电流，它具有相当完善的灭弧结构和足够的断流能力。

（1）导电功能：在正常的闭合状态下应为良好导体，不仅对正常负荷电流起到断流作用，而且在规定短路电流条件下也能承受其发热和电动力作用，保持可靠接通状态。

（2）绝缘功能：相与相间、相对地间及断口间具有良好的绝缘性能，能长期耐受最高工作电压，短时耐受大气过电压及操作过电压。

（3）开断功能：在闭合状态任何时刻，应能在不发生危险过电压的条件下尽可能短时间安全开断规定的短路电流。

（4）关合功能：在开断状态的任何时刻，应能在开关触头不发生熔焊条件下短时间安全接通规定的电流。

71. 高压断路器的主要作用是什么？

（1）控制作用：根据需要将部分线路或电器设备投入或退出运行，以改变电网的运行方式或者将部分设备恢复或停止供电。

（2）保护作用：当电网中部分电气设备或线路发生故障时，高压断路器可以在继电保护的配合下快速将故障切除。

72. 按操动机构来划分，常见的高压断路器主要有哪几类？

按操动机构来划分，常见的高压断路器主要有液压式（含液压弹簧式）、弹簧式和气动式。

（1）液压机构：以高压油推动活塞实现分合闸。

（2）液压弹簧机构：将液压机构中的氮气以弹簧代替。

（3）弹簧机构：事先用电动机使弹簧储能，进而实现分合闸。

（4）气动机构：以压缩气体推动活塞实现分合闸。

73．液压操动机构的运行规定有哪些？

（1）液压操动机构因压力异常导致开关分、合闸闭锁时，不准擅自解除闭锁进行操作。

（2）压力异常发信时，此时已闭锁开关分合闸，应检查是高压室内压力过高还是过低引起。若为压力过高，则旋动释压阀将高压室内的压力降至额定值；若压力过低，则检查油泵电动机电源是否跳开，如果仍无法加压或油压为零，则应采取防止开关慢分闸的措施。

（3）操动机构的油泵电动机只能进行短时操作，不适合连续操作，应按照厂家提供的参数要求进行操作，防止频繁打压，电动机过热烧毁。

74．弹簧储能操动机构的运行规定有哪些？

（1）弹簧操动机构设有合闸弹簧，储能未到位时将闭锁合闸。

（2）开关合闸操作后应检查弹簧储能是否完好。

75．什么是刀闸？它的特点是什么？

刀闸是指在分闸位置能够按照规定的要求提供电气隔离断口的机械开关装置。其主要特点为：无灭弧装置，不能拉合负荷电流和短路电流，通常与开关配合使用；具有明显的断开点，使故障设备或检修设备与电力系统隔离。

76．刀闸的作用有哪些？

（1）隔离电源：刀闸的主要用途是保证检修装置时的工作安全。在需要检修的部分和其他带电部分之间，用刀闸构成足够大的明显可见的绝缘间隔。刀闸的断口在任何状态下都不能发生火花放电，因此它的断口耐压一般比其对地绝缘的耐压高出10%～15%。必要时应在刀闸上附设接地刀闸，供检修时接地使用。

（2）倒闸操作：即用刀闸将电气设备或线路从一组母线切换到另一组母线上。

（3）分、合小电流：经试验验证，具备分、合小电感电流和电容电流的能力。

77. 对刀闸的基本要求是什么？

（1）分开后应具有明显的断开点，易于鉴别设备是否与电网隔开。

（2）断开点之间应有足够的绝缘距离，以保证在过电压及相间闪络的情况下，不致引起击穿而危及工作人员的安全。

（3）有足够的动热稳定、机械强度、绝缘强度。

（4）应结构简单，动作可靠。

（5）带有接地刀闸的刀闸必须装设联锁机构，以保证刀闸的正确操作。

78. 什么是接地刀闸，其作用是什么？

接地刀闸是用于将回路接地的一种装置，一般附设在刀闸上，供检修时接地用。

79. 电压互感器的作用有哪些？

（1）把高电压按比例变换成低电压，以便提供测量和继电保护所需的信号，并使测量仪表和继电保护装置标准化、小型化。

（2）把高电压（一次）部分与低电压（二次）部分相互隔离，且互感器二次侧均接地，以保证运行人员和设备的安全。

80. 按工作原理划分，电压互感器分为哪几类？

按工作原理划分，电压互感器分为电磁式电压互感器、电容式电压互感器、电子式电压互感器。

电磁式电压互感器的工作原理与普通变压器相似，是按电磁感应原理工作的。其一次绕组并联于高压系统，二次绕组与二次测量仪表和继电器电压绕组相连。

电容式电压互感器介于高压与地之间，将系统电压转换成二次电压。电容式电压互感器由电容分压器和电磁单元组成。

81. 不同接线方式（3/2接线、双母接线）下，电压互感器的主要作用有什么不同？

（1）3/2主接线的线路/主变压器电压互感器为三相式电容式电压互感器，主要用于线路/主变压器保护，母线电压互感器为单相式电容式电压互感器，主要用于同期及测量。

（2）双母主接线的母线电压互感器为三相式（电磁式电压互感器或者电容式电压互感器），主要用于线路/主变压器保护及母差保护的复压闭锁，线路为单相式电容式电压互感器（作为同期及线路有无压的判断）。

82. 电压互感器的运行规定有哪些？

（1）不同电压等级的电压互感器二次禁止并列。

（2）同一电压等级的电压互感器，只有在一次并列后二次才允许并列。但电压互感器二次不宜长期并列运行。

（3）新装、大修的互感器，两组具有并列可能的，应进行二次核相。

（4）电压互感器二次侧严禁短路。

（5）互感器应有明显的接地符号标志，接地端子应与设备底座可靠连接，并从底座接地螺栓用两根接地引下线与地网不同点可靠连接。

（6）电压互感器允许在1.2倍额定电压下连续运行，中性点有效接地系统中的互感器，允许在1.5倍额定电压下运行30s。中性点非有效接地系统中的电压互感器，在系统无自动切除对地故障保护时，允许在1.9倍额定电压下运行8h。

83. 电流互感器的作用及特点有哪些？

（1）电流互感器的主要作用。

1）把大电流按比例变换成小电流（5A或1A），以便提供测量和继电保护所需的信号，并使测量仪表和继电保护装置标准化、小型化。

2）把高电压（一次）部分与低电压（二次）部分相互隔离，且互感器二次侧均接地，以保证运行人员和设备的安全。

（2）电流互感器的主要特点。

1）二次回路所接阻抗很小，相当于二次侧短路的变压器状态。

2）二次绕组匝数远远大于一次绕组匝数。

3）一次电流主要取决于负载电流，与二次电流无关。

4）TA二次侧不准开路，二次侧有且只有一点可靠接地。

84. 电流互感器的运行规定有哪些？

（1）电流互感器二次侧严禁开路（严禁用熔丝短接电流互感器二次回路），不得过负荷运行。

（2）运行中的电流互感器二次侧只允许有一个接地点，一般在保护屏上。备用的二次绕组也应短接接地。

（3）电流互感器允许在设备最高电流下和额定连续热电流下长期运行。

（4）电容型电流互感器一次绕组的末（地）屏必须可靠接地。

85．500kV线路高压并联电抗器和500kV主变压器低压侧电抗器各自的作用是什么？

（1）500kV线路高压并联电抗器主要用于补偿超高压线路的容性充电功率，有利于限制系统中工频电压的升高和操作过电压。

（2）500kV主变压器低压侧配置低压电抗器的主要作用是提供感性无功，调节系统电压。

86．500kV变电站防雷设施由哪些设备组成？各自有什么作用？

变电站防雷设施由避雷针、避雷器等组成。

避雷针由针头、引流体和接地装置三部分组成，主要是为了防止直击雷对变电站电气设备及建筑物的侵害，变电站应装设足够数量的避雷针。

避雷器是一种释放过电压能量、限制过电压幅值的保护设备，在释放过电压能量后，避雷器恢复到原状态。装有泄漏电流和动作次数监测表的避雷器，可以对避雷器泄漏电流和动作次数进行监测。

87．接地是指什么？接地装置主要由什么设备组成？

接地是指将电力系统或建筑物电气装置、设施过电压保护装置用接地线与接地体连接。

接地装置是指接地体和接地线的总和。接地体是指埋入地中并直接与大地接触的金属导体。接地体分为水平接地体和垂直接地体。接地线是指电气设备、杆塔的接地端子与接地体或零线连接使用的在正常情况下不载流的金属导体。

六、继电保护及安自装置运行知识

88．什么是电力系统继电保护、继电保护系统及继电保护装置？

电力系统继电保护一词泛指继电保护技术和由各种继电保护装置组成的继电保护系统，包括继电保护的原理设计、配置、整定、调试等技术，也包括由获取电量信息的电压、电流互感器二次回路，经过继电保护装置到开关跳闸线圈的一整套具体设备，如果需要利用通信手段传送信息，则还包括通信设备。

继电保护系统是由继电保护装置、合并单元、智能终端、交换机、通道、二次回路等构成，实现继电保护功能的系统。

继电保护装置是指能反应电力系统中电气设备发生故障或不正常运行状态，并动作于开关跳闸或发出信号的一种自动装置。

89. 电力系统对继电保护的基本要求是什么？

继电保护装置应满足可靠性、选择性、灵敏性和速动性的要求。"四性"之间紧密联系，既矛盾又统一。

可靠性是指保护该动作时应可靠动作，不该动作时应可靠不动作。可靠性是对继电保护装置性能最根本的要求。

选择性是指首先由故障设备或线路本身的保护切除故障，当故障设备或线路本身的保护或开关拒动时，才允许由相邻设备保护、线路保护或断路器失灵保护切除故障。

为保证对相邻设备和线路有配合要求的保护与同一保护内有配合要求的两元件（如启动与跳闸元件或闭锁与动作元件）的选择性，其灵敏系数及动作时间在一般情况下应相互配合。

灵敏性是指在设备或线路在被保护范围内发生金属性短路时，保护装置应具有必要的灵敏系数，各类保护的最小灵敏系数在规程中有具体规定。选择性和灵敏性的要求通过继电保护的整定实现。

速动性是指保护装置应尽快切除短路故障，其目的是提高系统稳定性，减轻故障设备和线路的损坏程度，缩小故障波及范围，提高自动重合闸和备用电源或备用设备自动投入的效果等。一般从装设速动保护（如高频保护、差动保护）、充分发挥零序接地瞬时段保护及相间速断保护的作用、减少继电器固有动作时间和开关跳闸时间等方面入手来提高速动性。

90. 如何保证继电保护的可靠性？

继电保护的可靠性主要由配置合理、质量和技术性能优良的继电保护装置以及正常的运行维护和管理来保证。任何电力设备（线路、母线、变压器等）都不允许在无继电保护的状态下运行。220kV及以上电网的所有运行设备都必须由两套交、直流输入、输出回路相互独立，并分别控制不同跳闸回路的继电保护装置进行保护。当任一套继电保护装置或任一组跳闸回路拒绝动作时，应能由另一套继电保护装置操作另一组跳闸回路切除故障。在所有情况下，要求这两套继电保护装置和跳闸回路所取的直流电源都经由不同的熔断器供电。

91. 为保证电网继电保护的选择性，上、下级电网继电保护之间逐级配合应满足什么要求？

上、下级电网（包括同级与上一级和下一级电网）继电保护之间的整定，应遵循逐级配合的原则，满足选择性的要求，即当下一级线路或元件故障时，故障线路或元件的继电保护整定值必须在灵敏度和动作时间上均与上一级线路或元件的继电保护整定值相互配合，以保证电网发生故障时有选择性地切除故障。

92. 什么是"远后备"？什么是"近后备"？

"远后备"是指当元件故障而其保护装置或开关拒绝动作时，由各电源侧的相邻元件保护装置动作将故障切开。"近后备"则是指用双重化配置方式加强元件本身的保护，使之在发生区内故障时，保护无拒绝动作的可能，同时装设断路器失灵保护，以便当开关拒绝跳闸时启动它来切开同一变电站母线的高压断路器，或遥切对侧开关。

93. 220kV及以上交流线路保护的配置原则是什么？

对于220kV及以上交流线路，应装设两套完整、独立的全线速动主保护。接地短路后备保护可装设阶段式或反时限零序电流保护，亦可采用接地距离保护并辅之以阶段式或反时限零序电流保护。相间短路后备保护可装设阶段式距离保护。

94. 什么是线路纵联保护？

线路纵联保护是当线路发生故障时，使两侧开关同时快速跳闸的一种保护装置，是线路的主保护。它以线路两侧判别量的特定关系作为判据，即两侧均将判别量借助通道传送到对侧，然后两侧分别按照对侧与本侧判别量之间的关系来判别区内故障或区外故障。因此，判别量和通道是纵联保护装置的主要组成部分。目前，我国电网线路纵联保护通道主要通过光纤或电力线载波实现。

95. 纵联保护的信号有哪几种？

（1）闭锁信号。它是阻止保护动作于跳闸的信号。换言之，无闭锁信号是保护作用于跳闸的必要条件。只有同时满足本端保护元件动作和无闭锁信号两个条件时，保护才作用于跳闸。

（2）允许信号。它是允许保护动作于跳闸的信号。换言之，有允许信号是保护动作于跳闸的必要条件。只有同时满足本端保护元件动作和有允许信号两个条件时，保护才动作于跳闸。

（3）跳闸信号。它是直接引起跳闸的信号。此时与保护元件是否动作无关，只要收到跳闸信号，保护就作用于跳闸，远方跳闸式保护就是利用跳闸信号动作的。

96. 什么是距离保护？距离保护的特点是什么？

距离保护是以距离测量元件为基础构成的保护装置，其动作和选择性取决于本地测量参数（阻抗、电抗、方向）与设定的被保护区段参数的比较结果，而阻抗、电抗又与输电线的长度成正比，故名距离保护。

距离保护主要是用于输电线的保护，一般是三段或四段式。第一、二段带方向性，作为本线段的主保护，其中第一段保护线路的80% ~ 90%；第二段保护剩余的10% ~ 20%并作为相邻母线的后备保护。第三段带方向或不带方向，有的还设有不带方向的第四段，作为本线及相邻线段的后备保护。

整套距离保护包括故障启动、故障距离测量、相应的时间逻辑回路与电压回路断线闭锁，有的还配有振荡闭锁等基本环节以及对整套保护的连续监视等装置。有的接地距离保护还配有单独的选相元件。

97. 电压互感器和电流互感器的误差对距离保护有什么影响？

电压互感器和电流互感器的误差会影响阻抗继电器距离测量的精确性。具体来说，电流互感器的角误差和比误差、电压互感器的角误差和比误差以及电压互感器二次电缆上的电压降将引起阻抗继电器端子上电压和电流的相位误差以及数值误差，从而影响阻抗测量的精度。

98. 什么是自动重合闸？为什么要采用自动重合闸？

自动重合闸装置是将因故障跳开后的开关按需要自动投入的一种自动装置。

电力系统运行经验表明，架空线路绝大多数的故障都是瞬时性的，永久性故障一般不到10%。因此，在由继电保护装置动作切除短路故障之后，电弧将自动熄灭，绝大多数情况下短路处的绝缘可以自动恢复。因此，自动将开关重合，不仅提高了供电的安全性和可靠性，减小了停电损失，而且还提高了电力系统的暂态稳定水平，增大了高压线路的送电容量，也可以纠正由于开关或继电保护装置导致的误跳闸。所以，架空线路要采用自动重合闸装置。

99．自动重合闸怎样分类？

（1）按重合闸的动作分类，可以分为机械式重合闸和电气式重合闸。

（2）按重合闸作用于开关的方式，可以分为三相重合闸、单相重合闸和综合重合闸三种。

（3）按动作次数，可以分为一次式重合闸和二次式重合闸。

（4）按重合闸的使用条件，可分为单侧电源重合闸和双侧电源重合闸。双侧电源重合闸又可以分为检定无压和检定同期重合闸、非同期重合闸。

100．重合闸重合于永久性故障上对电力系统有什么不利影响？

（1）使电力系统再一次受到故障的冲击。

（2）使开关的工作条件变得更加严重，因为在连续短时间内，开关要两次切断电弧。

101．单相重合闸与三相重合闸各有哪些优缺点？

（1）使用单相重合闸时会出现非全相运行的情况，除纵联保护需要考虑一些特殊问题外，既对零序电流保护的整定和配合产生了很大影响，也使中、短线路的零序电流保护不能充分发挥作用。

（2）使用三相重合闸时，各种保护的出口回路可以直接动作于开关。使用单相重合闸时，除了本身有选相能力的保护外，所有纵联保护、相间距离保护、零序电流保护等都必须经单相重合闸的选相元件控制才能动作于开关。

（3）当线路发生单相接地，进行三相重合闸时，会比单相重合闸产生更大的操作过电压。这是由于三相跳闸、电流过零时断电，在非故障相上会保留相当于相电压峰值的残余电荷电压，而重合闸的断电时间较短，上述非故障相的电压变化不大，因此在重合时会产生较大的操作过电压。而当使用单相重合闸时，重合时的故障相电压一般只有17%左右（由于线路本身电容分压产生），因此没有操作过电压问题。从较长时间在110kV及220kV电网采用三相重合闸的运行情况来看，一般中、短线路操作过电压方面的问题并不突出。

（4）采用三相重合闸时，在最不利的情况，有可能重合于三相短路故障，有的线路经稳定计算认为必须避免这种情况时，可以考虑在三相重合闸中增设简单的相间故障判别元件，使它在单相故障时实现重合，在相间故障时不重合。

102. 为什么在检同期和检无压重合闸装置中两侧都要装检同期和检无压继电器？

如果采用一侧投检无压、另一侧投检同期的接线方式，在使用检无压的一侧，当其开关在正常运行情况下由于某种原因（如误碰、保护误动等）而跳闸时，由于对侧并未动作，因为线路上有电压，因此就不能实现重合，这是一个很大的缺陷。为了解决这个问题，通常都是在检无压的一侧也投入检同期继电器，两者的触点并联工作，这样就可以将误跳闸的开关重新投入。为了保证两侧开关的工作条件一样，在检同期侧也装设检无压继电器，通过切换后，根据具体情况使用。

但应注意，一侧投入检同期和检无压继电器时，另一侧则只能投入检同期继电器。否则，两侧同时实现检无压重合闸，将导致出现非同期合闸的情况。在检同期继电器触点回路中要串接检定线路有压的触点。

103. 什么是重合闸后加速？为什么采用检定同期重合闸时不用后加速？

当线路发生故障后，保护有选择性地动作切除故障，重合闸进行一次重合以恢复供电。当重合于永久性故障时，保护装置就不带时限无选择性地动作断开开关，这种方式称为重合闸后加速。

检定同期重合闸是当线路一侧无压重合后，另一侧在两端的频率不超过一定允许值的情况下才进行重合的。若线路属于永久性故障，无压侧重合后再次断开，则此时检定同期重合闸不重合，因此采用检定同期重合闸再装后加速也就没有意义了。若属于瞬时性故障，无压重合后，线路已重合成功，则不存在故障，因此故同期重合闸时不采用后加速，以免合闸冲击电流引起误动。

104. 什么是重合闸前加速？它有何优缺点？

重合闸前加速保护方式一般用于具有几段串联的辐射形线路中，重合闸装置仅装在靠近电源的一段线路上。当线路（包括相邻线路及以后的线路）发生故障时，靠近电源侧的保护首先无选择性地瞬时动作于跳闸，而后再靠重合闸来纠正这种非选择性动作。其优点在于切除故障迅速，可以减小瞬时性故障发展成永久性故障的概率；其缺点是切除永久性故障时间较长，装有重合闸装置的开关动作次数较多，且一旦开关或重合闸拒动，将使停电范围扩大。

重合闸前加速保护方式主要适用于35kV以下由发电厂或主要变电站引出的直配线上。

105. 什么是潜供电流？它对重合闸有何影响？如何防止？

潜供电流就是当故障相线路自两侧切除后，非故障相线路与断开相线路之间存在的电容耦合和电感耦合使非故障相线路的负荷电流通过耦合继续向故障相线路提供的电流称为潜供电流。其中，电容耦合的潜供电流分量与相间电容、电网电压成正比，电压等级越高或线路越长，该分量的潜供电流越大，并与故障点位置无关，它与工频恢复电压相位相差90°；电感耦合的潜供电流分量则与负荷、故障地点均有关，如故障发生在线路中点，则其值为零，只有故障在线路一段时，其值为最大，当故障点移到另一段时，其电流反向。对较长线路的潜供电流，一般电感耦合的潜供电流分量小于电容耦合的潜供电流分量，且两者相位不同。

由于潜供电流的存在将对故障点灭弧产生影响，使短路时弧光通道去游离受到严重阻碍，而自动重合闸只有在故障点电弧熄灭且绝缘强度恢复以后才有可能重合成功，因此，若潜供电流值较大，故障点熄弧时间较长，将会使重合闸重合失败。

一般故障点能否消弧，除与风速、风向、电弧长度有关外，关键是恢复电压的高低和潜供电流的大小以及与恢复电压间的相位差。如果没有消弧措施，当电流过零熄弧时，恢复电压恰为最大值，此时消弧条件最差，因此，为了减小潜供电流，提高重合闸的重合成功率，一方面可以采取减小潜供电流的措施，如对电压等级高而长度又较长的500kV及以上中长线路高压并联电抗器中性点加小电抗器，或在无高压并联电抗器的短路两侧短时在线路两侧投入快速单相接地开关等；另一方面也可以采用实测熄弧时间来整定重合闸时间。

106. 断路器失灵保护有什么作用？

当系统发生故障，故障元件的保护动作而其断路器操作失灵拒绝跳闸时，可以通过故障元件的保护作用于本变电站相邻断路器跳闸，同时启动远方跳闸，利用保护通道，使远端有关断路器同时跳闸。

断路器失灵保护是近后备中防止断路器拒动的一项有效措施，是220kV及以上电压等级电网以及个别110kV电网的重要部分，根据下列情况设置断路器失灵保护。

（1）当断路器拒动，相邻设备和线路的后备保护没有足够大的灵敏系数，不能可靠动作切除故障时。

（2）当断路器拒动，相邻设备和线路的后备保护虽能动作跳闸，但切除故障时间过长而引起严重后果时。

（3）若断路器与电流互感器之间距离较长，在其间发生短路故障不能由该电力设备的主保护切除，而由其他后备保护切除，将扩大停电范围并引起严重后果时。

107. 断路器失灵保护的时间定值应如何整定？

断路器失灵保护时间定值整定的基本要求：断路器失灵保护所需动作延时，必须保证让故障线路或设备的保护装置先可靠动作跳闸，应为断路器跳闸时间和保护返回时间之和再加上裕度时间，以较短时限动作于断开母联断路器或分段断路器，再经一时限动作于连接在同一母线上所有有源支路的断路器。

108. 3/2接线断路器的短引线保护起什么作用？

主接线采用3/2接线方式的断路器，当断路器其中一条线路停用时，该线路侧的刀闸将断开，此时保护用电压互感器也停用，线路主保护停用。如果该范围内短引线故障，将没有快速保护切除故障，因此需要设置短引线保护，即短引线纵联差动保护。在上述故障情况下，该保护可以快速动作切除故障。

线路运行中，线路侧刀闸投入，当该短引线保护在线路侧故障时，将无选择地动作，因此必须将该短引线保护停用。一般可以由线路侧刀闸的辅助触点控制，在合闸时使短引线保护停用。

109. 什么是母线完全差动保护？什么是母线不完全差动保护？

母线完全差动保护是将母线上所有连接元件的电流互感器按同名相、同极性连接到差动回路，电流互感器的特性与变比均应相同。当变比不能相同时，可以采用补偿变流器进行补偿，满足电流之和为零的条件。差动继电器的动作电流按以下条件计算、整定，取其最大值。

（1）躲开外部短路时产生的不平衡电流。

（2）躲开母线连接元件中，最大负荷支路的最大负荷电流，以防止电流二次回路断线时误动。

母线不完全差动保护只需将连接于母线的各电源元件上的电流互感器接入差动回路，无电源元件上的电流互感器不接入差动回路，因此在无电源元件上发生故障时将动作。一般电流互感器不接入差动回路的无电源元件是电抗器或变压器。

110．在母线电流差动保护中，为什么要采用电压闭锁元件？

为了防止差动继电器误动作或误碰出口中间继电器导致母线保护误动作，采用电压闭锁元件。

电压闭锁元件利用接在每条母线上电压互感器二次侧的低电压继电器和零序过电压继电器实现。三只低电压继电器反应各种相间短路故障，零序过电压继电器反应各种接地故障。

111．母线充电保护有什么作用？

母线充电保护应保证在一组母线或某一段母线合闸充电时，快速而有选择地断开有故障的母线。为了更可靠地切除被充电母线上的故障，在母联开关或母线分段开关上设置相电流或零序电流保护，作为母线充电保护。

母线充电保护接线简单，在定值上可以保证较高的灵敏度。在有条件的地方，该保护可以作为专用母线单独带新建线路充电的临时保护。母线充电保护只在母线充电时投入，当充电良好后，应及时停用。

112．当运行中出现何种情况时，应立即退出母线保护并尽快处理？

（1）差动保护出现差流越限告警时。

（2）差动保护出现电流互感器回路断线告警信号时。

（3）其他影响保护装置安全运行的情况发生时。

113．变压器中性点接地方式的安排一般如何考虑？

变压器中性点接地方式的安排应尽量保持变电站的零序阻抗基本不变。遇到因变压器检修等原因使变电站零序阻抗有较大变化的特殊运行方式时，应根据规程规定或实际情况临时处理。

（1）若变电站只有一台变压器，则中性点应直接接地，计算正常保护定值时，可以只考虑变压器中性点接地的正常运行方式。当变压器检修时，可作特殊运行方式处理，如改定值或按规定停用、启用有关保护段。

（2）当变电站有两台及以上变压器时，应只将一台变压器中性点直接接地运行，当该变压器停运时，将另一台中性点不接地的变压器改为直接接地。如果由于某些原因，变电站正常必须有两台变压器中性点直接接地运行，则当其中一台中性点直接接地的变压器停运时，应按特殊运行方式处理。

（3）双母线运行的变电站有三台及以上变压器时，应按两台变压器中性点直接接地的方式运行，并把它们分别接于不同的母线上，当其中一台中性点直接接地的变压器停运时，将另一台中性点不接地的变压器直接接地。若不能保持不同母线上各有一个接地点，则作为特殊运行方式处理。

（4）为了改善保护配合关系，当某一段线路检修停运时，可以用增加中性点接地变压器台数的办法来抵消线路停运对零序电流分配关系产生的影响。

（5）自耦变压器和绝缘有要求的变压器中性点必须直接接地运行。

114. 变压器差动保护的不平衡电流是怎样产生的？

稳态情况下的不平衡电流如下：

（1）由于变压器各侧电流互感器型号不同，即各侧电流互感器的饱和特性和励磁电流不同而引起的不平衡电流，应满足电流互感器10%误差曲线的要求。

（2）由于实际的电流互感器变比和计算变比不同引起的不平衡电流。

（3）由于改变变压器调压分接头引起的不平衡电流。

暂态情况下的不平衡电流如下：

（1）由于短路电流的非周期分量主要为电流互感器的励磁电流，使其铁芯饱和，误差增大而引起不平衡电流。

（2）变压器空载合闸的励磁涌流，仅在变压器一侧有电流。

115. 为什么变压器差动保护不能代替瓦斯保护？

瓦斯保护能反应变压器油箱内的任何故障，包括铁芯过热烧伤、油面降低等，但差动保护对此无反应。又如，变压器绕组产生少数线匝的匝间短路，虽然短路匝内短路电流很大会导致局部绕组严重过热，产生强烈的油流向储油柜方向冲击，但表现在相电流上却并不大，因此差动保护没有反应，但瓦斯保护对此却能灵敏地加以反应。

116. 变压器励磁涌流有哪些特点？防止励磁涌流对差动保护影响的方法有哪些？

励磁涌流有以下特点：

（1）包含有很大成分的非周期分量，往往使涌流偏于时间轴的一侧。

（2）包含有大量的高次谐波分量，并以2次谐波为主。

（3）励磁涌流波形之间出现间断。

防止励磁涌流影响的方法如下：

（1）采用具有速饱和铁芯的差动继电器。

（2）鉴别短路电流和励磁涌流波形的区别，要求间断角为60°～65°。

（3）利用2次谐波制动，制动比为15%～20%。

117. 何种情况下，主变压器的差动保护应退出运行？

（1）差流越限告警时。

（2）装置故障时。

（3）旁路开关转代变压器开关，倒闸操作可能引起差动保护出现差流时。

（4）其他影响保护装置安全运行的情况发生时。

118. 发电机应装哪些电气量保护？它们的作用是什么？

对于发电机可能发生的故障和不正常工作状态，应根据发电机的容量有选择地装设以下保护。

（1）纵联差动保护：定子绕组及其引出线的相间短路保护。

（2）横联差动保护：定子绕组一相匝间短路保护。只有当一相定子绕组有两个及以上并联分支而构成两个或三个中性点引出端时，才装设此种保护。

（3）单相接地保护：发电机定子绕组的单相接地保护。

（4）励磁回路接地保护：励磁回路的接地故障保护。

（5）低励、失磁保护：防止大型发电机低励磁（励磁电流低于静稳极限所对应的励磁电流）或失去励磁（励磁电流为零）后，从系统中吸收大量无功功率而对系统稳定产生不利影响。100MW及以上容量的发电机都装设这种保护。

（6）过负荷保护：发电机长时间超过额定负荷运行时作用于信号的保护。中小型发电机只装设子过负荷保护；大型发电机应分别装设子过负荷保护和励磁绕组过负荷保护。

（7）定子绕组过电流保护：用于当发电机纵差保护范围外发生短路，而短路元件的保护或开关拒绝动作时。这种保护作为外部短路的后备，也兼作纵差保护的后备保护。

（8）定子绕组过电压保护：用于防止突然甩去全部负荷后引起的定子绕组过电压。水轮发电机和大型汽轮发电机都装设过电压保护，中小型汽轮发电机通常不装设过电压保护。

（9）负序电流保护：电力系统发生不对称短路或者三相负荷不对称（如电气机车、电弧炉等单相负荷的比重太大）时，会使转子端部、护环内表面等电流密度很大的部位过热，导致转子的局部灼伤，因此应装设负序电流保护。

（10）失步保护：反应大型发电机与系统振荡过程的失步保护。

（11）逆功率保护：为防止汽轮机主汽门误关闭或机炉保护动作关闭主汽门而发电机出口开关未跳闸时，从电力系统吸收有功功率而引发汽轮机事故，大型机组通常都要装设用逆功率继电器构成的逆功率保护，用于保护汽轮机。

119. 大型发电机组为何要装设失步保护？

发电机与系统发生失步时，将出现发电机的机械量和电气量与系统之间的振荡，这种持续的振荡将对发电机组和电力系统产生有破坏力的影响。

（1）单元接线的大型发变组电抗较大，而系统规模的增大使系统的等值电抗减小，因此振荡中心往往落在发电机端附近或升压变压器范围内，使振荡过程对机组的影响大为加重。由于机端电压周期性的严重下降，可能会使厂用辅机工作稳定性遭到破坏，甚至导致全厂停机、停炉、停电的重大事故。

（2）失步运行时，在发电机电动势与系统等效电动势的相位差为180°的瞬间，振荡电流的幅值接近机端三相短路时的电流。对于三相短路故障均有快速保护切除，而振荡电流则要在较长时间内反复出现，若无相应保护，则会使定子绕组遭受热损伤或端部遭受机械损伤。

（3）振荡过程中产生对轴系的周期性扭力，可能导致大轴严重机械损伤。

（4）振荡过程中，由于周期性转差变化在转子绕组中引起感生电流，因此导致转子绕组发热。

（5）大型机组与系统失步，还可能发生电力系统解列甚至崩溃事故。

120. 直流接地的常见原因有哪些？

直流系统分布范围广、外露部分多、电缆多且较长，所以很容易受尘土、潮气的腐蚀，使某些绝缘薄弱的元件绝缘降低，甚至绝缘破坏导致直流接地。分析直流接地的原因有以下几个方面：

（1）二次回路绝缘材料不合格、绝缘性能低，或年久失修、严重老化，或存在某些损伤缺陷，如磨伤、砸伤、压伤、扭伤或过流引起的烧伤等。

（2）二次回路及设备严重污秽和受潮、接地盒进水，使直流对地绝缘严重下降。

（3）小动物爬入或小金属零件掉落在元件上发生直流接地故障。例如：老鼠、蜈蚣等小动物爬入带电回路；某些元件有线头、未使用的螺栓、垫圈等零件掉落在带电回路上等。

121．什么是智能终端和合并单元？

智能终端是一种智能组件，与一次设备采用电缆连接，与保护、测控等二次设备采用光纤连接，实现对一次设备（如开关、刀闸、主变压器等）的测量、控制等功能。

合并单元是用于对来自二次转换器的电流和/或电压数据进行时间相关组合的物理单元。合并单元可以是互感器的一个组成件，也可以是一个分立单元。合并单元的输入由数字信号组成，包括采集器输出的采样值、电源状态信息及变电站同步信号等，通过高速光纤接口接入合并单元。在合并单元内对输入信号进行处理，同时合并单元通过光纤向间隔层智能电子设备输出采样合并数据。

122．智能变电站母线正常运行，退出母线保护如何操作？

母线正常运行，母线保护检修需退出母线保护时，现场运行人员应退出各间隔的SV接收软压板、间隔接收软压板、间隔投入软压板、GOOSE出口软压板，退出主变压器相应侧失灵联跳开入压板。

123．合并单元运行注意事项有哪些？

（1）合并单元的投入及检查，应在对应保护投入之前；合并单元的退出，应在对应保护退出之后。

（2）电流、电压互感器运行或热备用时，对应的合并单元不得退出，除非对应的保护已退出。

（3）一次设备停电检修，对应的合并单元同时检修而相关保护（母线保护、主变压器保护、双开关接线的线路保护等）继续运行时，应在一次设备停电后，先退出运行保护中相应的 SV 接收软压板、间隔接收软压板，再许可合并单元检修工作。一次设备恢复运行前，应先恢复合并单元运行，并投入运行保护中相应的 SV 接收软压板、间隔接收软压板。

124. 智能终端运行的注意事项有哪些？

（1）在对应保护投入之前，应先对智能终端装置进行检查（直流投入、信号灯检查等）；在对应保护投入无异常后，再投入智能终端的出口压板。

（2）间隔不停电状态下检修智能终端时，应退出该智能终端所有出口硬压板。同时，宜申请退出相应的间隔保护、母线保护等受直接影响的保护装置。当间隔智能终端检修，检修作业班组确认其他运行的保护设备不受影响时，可以不申请退出相关保护。现场运行人员应注意在间隔智能终端投入运行前后，检查相关二次设备及站端监控系统运行状态正常。

（3）母线不停运，对应的母线智能终端检修时，应退出该智能终端所有出口硬压板，注意此时可能影响到电压并列功能。

（4）变压器不停运，其本体智能终端检修时，应退出该智能终端所有出口硬压板。此时应注意影响到的功能，如非电量保护、调压、风冷控制等。智能终端集成非电量保护功能时，应退出非电量保护。

（5）除装置异常处理、事故检查等特殊情况外，禁止通过投退智能终端的跳、合闸出口硬压板投退保护。

125. 合并单元异常处置原则有哪些？

（1）母联及单母线分段、双母单分的分段开关合并单元异常，应退出其对应的母联、分段保护（母联、分段充电过流保护正常不投入的无须操作）。220kV 及以上双重化配置的两套母联、分段合并单元同时异常，应申请将母线保护投对应的互联方式。110kV 及以下母联、分段合并单元异常，如系统稳定和设备安全运行无特殊要求，且母线保护能部分有选择性地切除故障（与母线保护具体型号相关）时，母线保护运行方式不变，否则应申请母线保护投对应的互联方式。

（2）分段开关并列运行的双母双分主接线，其分段开关合并单元异常，应退出其对应的分段保护（分段充电过流保护正常不投入的无须操作），退出对应的母线保护；双重化配置的两套分段合并单元同时异常，应申请停用分段开关。

（3）除母联、分段开关外的其他间隔合并单元异常，应申请退出其对应的保护装置。

（4）仅用于重合闸检定用的电压合并单元异常，仅应申请停用对应的重合闸。双重化配置的母线电压合并单元异常，应在检修人员到现场后再申请退出对应的保护装置。单套配置的母线电压合并单元异常，如线路失去主保护，则应申请停运相应线路；如仅母线保护和变压器保护失去电压闭锁、线路保护失去部分后备功能，则可以不申请停运相应线路、变压器。

（5）电子互感器采集模块异常或故障，应按对应合并单元异常处置。

126．智能终端异常处置原则有哪些？

（1）间隔智能终端异常，应申请退出该智能终端。需要消缺时，应停运相应一次设备。不停运相应一次设备消缺时，应申请退出其对应的动作行为受影响的保护装置。

（2）母线智能终端异常，应申请退出该智能终端。

（3）变压器本体智能终端异常，应申请退出该智能终端。

127．电力系统振荡时，对继电保护装置有哪些影响？

电力系统振荡时，会对继电保护装置的电流继电器、阻抗继电器产生影响。

（1）对电流继电器的影响。当振荡电流达到继电器的动作电流时，继电器动作；当振荡电流降低到继电器的返回电流时，继电器返回，因此电流速断保护肯定会误动作。一般情况下振荡周期较短，当保护装置的时限大于1.5s时，就可能躲过振荡而不误动作。

（2）对阻抗继电器的影响。周期性振荡时，电网中任一点的电压和流经线路的电流将随两侧电源电动势间相位角的变化而变化。振荡电流增大，电压下降，阻抗继电器可能动作；振荡电流减小，电压升高，阻抗继电器返回。如果阻抗继电器触点闭合的持续时间长，将导致保护装置误动作。

128．什么是电力系统安全稳定自动装置？

电网安全稳定自动装置是用于防止电力系统稳定破坏、防止电力系统事故扩大、防止电网崩溃及大面积停电以及恢复电力系统正常运行的各种自动装置的总称，如稳控装置、失步解列装置、低频减负荷装置、低压减负荷装置、过频切机装置、备用电源自投装置、水电厂低频自启动装置等。

河北南部电网目前运行的安全自动装置主要分为三类：一是为应对迎峰

度夏大负荷期间主力电厂送出线路过载投入的安全自动装置；二是为应对新能源大发期间电网运行线路、主变压器过载而投入的安全自动装置；三是为提高电力外送能力而投入的"点对网"送出通道安全稳定控制系统。

129. 电网中主要的安全自动装置种类和作用是什么？

（1）低频、低压解列装置：地区功率不平衡且缺额较大或大电源切除后发供点功率严重不平衡时，应考虑在适当地点安装低频低压解列装置，以保证该地区与系统解列后，不因频率或电压崩溃发生全停事故，同时也能保证重要用户的供电。

（2）振荡（失步）解列装置：经过稳定计算，在可能失去稳定的联络线上安装振荡解列装置，一旦稳定破坏，该装置将自动跳开联络线，将失去稳定的系统与主系统解列，以平息振荡。

（3）切负荷装置：为了解决与系统联系薄弱地区的正常受电问题，在主要变电站安装切负荷装置，当受电地区与主系统失去联系时，该装置动作切除部分负荷，以保证区域发供电的平衡；另外，该装置也可以保证当一回联络线掉闸时，其他联络线不过负荷。

（4）自动低频、低压减负荷装置：是电力系统重要的安全自动装置之一，它在电力系统发生事故，出现功率缺额，使电网频率、电压急剧下降时，自动切除部分负荷，防止系统频率、电压崩溃，使系统恢复正常，保证电网的安全稳定运行以及对重要用户的连续供电。

（5）切机装置：其作用是保证故障载流元件不严重过负荷，使解列后的电厂或小地区频率不会过高，功率基本平衡，防止锅炉灭火扩大事故，同时可以提高系统的稳定极限。

130. 与电压回路有关的安全自动装置主要有哪几类？遇什么情况应停用此类自动装置？

与电压回路有关的安全自动装置主要有下列几类：振荡解列、高低频解列、高低压解列、低压切负荷等。遇有下列情况可能失去电压时应及时停用与电压回路有关的安全自动装置：

（1）电压互感器退出运行。

（2）交流电压回路断线。

（3）交流电流回路上有工作。

（4）装置直流电源故障。

131. 自动低频减负荷装置的整定原则是什么？

（1）自动低频减负荷装置动作，应确保全网及解列后的局部网频率恢复到规定范围内。

（2）在各种运行方式下自动低频减负荷装置动作，不应导致系统其他设备过载和联络线超过稳定极限。

（3）自动低频减负荷装置动作，应使系统功率缺额导致的频率下降不引起大机组低频保护动作。

（4）自动低频减负荷顺序应保证次要负荷先切除，较重要的用户后切除。

（5）自动低频减负荷装置所切除的负荷不应被自动重合闸或备自投装置再次投入，并应与其他安全自动装置合理配合使用。

（6）全网自动低频减负荷装置整定的切除负荷数量应按年预测最大平均负荷计算，并对可能发生的电源事故进行校对。

132. 低频减负荷装置的动作轮次应满足哪些要求？容量配置有哪些原则？

（1）基本段快速动作。基本段一般按频率分为若干级，装置的频率整定值应根据电力系统的具体条件，保证大型火电厂安全运行，以及由继电器本身的特性等因素决定。起始运行频率宜取为49Hz。

（2）后备段带较长时限。后备段可分为若干级，最小动作时间约为10～15s。

低频减负荷装置的配置及其断开负荷的容量，应根据最不利的运行方式下发生事故时整个电力系统或其各部分实际可能发生的最大功率缺额来确定。例如，考虑断开孤立发电厂中容量最大的发电机，断开输送功率最大的线路或断开容量最大的发电厂，以及考虑由于联络线事故断开而引起的电力系统解列等。

133. 什么是低频自启动及调相改发电？

低频自启动是指水轮机和燃气轮机在感受系统频率降低到规定值时，自动快速启动，并入电网发电。调相改发电是指当电网频率降低到规定值时，由自动装置将发电机由调相方式改为发电方式，或对于抽水蓄能机组采取停止抽水迅速转换到发电状态的措施。

134. 什么是备用电源自动投入装置（备自投）？为什么在工作电源断开后备用电源自动投入装置才动作且只动作一次？

备用电源自动投入装置是指当工作电源（或工作设备）因故障被断开以

后，能自动且迅速地将备用电源（或备用设备）投入工作，保证用户连续供电的装置。之所以保证在工作电源断开后备用电源自动投入装置才动作，是因为工作母线失去电压可能是因为供电元件发生了故障，如果把备用母线再投入到故障元件上，起不到备自投的作用，还可能扩大故障，加重设备的损坏程度。当工作母线发生永久性故障，或出线上发生永久性故障未被出线开关断开时，保护断开供电元件的开关，备用电源自动投入装置动作，投入备用电源，故障仍然存在，继电保护再次动作，将备用电源断开，此后不允许再投入备用电源，以免多次投入到故障元件上，对系统产生不必要的冲击。

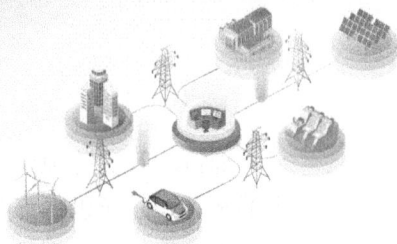

第二章 电网运行调整

一、电力平衡调整

135. 什么是电力系统的频率特性?

电力系统的频率特性取决于负荷的频率特性和发电机的频率特性(负荷随频率的变化而变化的特性叫作负荷的频率特性,发电机组的出力随频率的变化而变化的特性叫作发电机的频率特性,负荷频率特性与发电机频率特性的交点即为系统频率),它是由系统的有功负荷平衡决定的,且与网络结构(网络阻抗)关系不大。在非振荡情况下,同一电力系统的频率是相同的。因此,系统频率可以集中调整控制。

136. 什么是电力系统各类负荷有功功率的频率特性?

(1)同(异)步电动机:与频率变化的关系比较复杂,与其所驱动的设备有关。当所驱动的设备是球磨机、切削机床、往复式水泵、压缩机、卷扬机等设备时,与频率的一次方成正比;当所驱动的设备是通风机、静水头阻力不大的循环水泵等设备时,与频率的三次方成正比;当所驱动的设备是静水头阻力很大的给水泵等设备时,与频率的高次方成正比。

(2)电炉、电热、整流、照明用电设备:与频率变化基本无关。

(3)网络损耗负荷:与频率的平方近似成正比。

137. 什么是发电机的频率特性?

当频率变化时,发电机组的调速系统将自动改变汽轮机的进汽量或水轮机的进水量,以增减发电机的出力,这种反映由频率变化而引起发电机出力变化的关系称为发电机的频率特性。

138. 什么是频率崩溃?

如图2-1所示,在某一时刻,发电机和负荷的有功负荷在点O到达平衡,

系统频率为 f_0。随着有功负荷的增长，由于发电机调速器的作用，发电机和负荷的有功负荷在点 1 处到达平衡，系统频率为 f_1。当有功负荷继续增加时（经过点 2 后），由于发电厂的汽压、供水量、水头等随频率的变化而下降，所以出力不仅不可能增大，反而是随着频率的下降而下降，即发电机的实际出力特性是沿着曲线 2—3—4 变化的。当有功负荷的增加使发电机和负荷的有功频率特性曲线相切时（对应点 3），在此点，$dP/df=0$，其运行频率 f_{LJ} 称为临界频率。

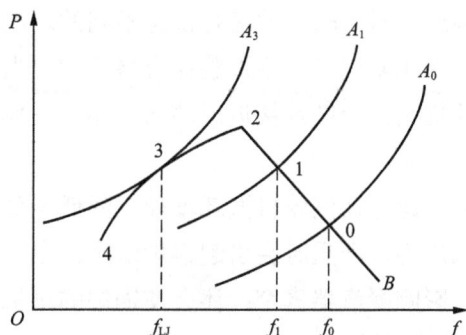

图 2-1　电力系统 $P\text{-}f$ 曲线

当电力系统运行频率等于（或低于）临界频率时，若有扰动使系统频率下降，将迫使发电机出力减少，从而使系统频率进一步下降，有功不平衡加剧，形成恶性循环，导致频率不断下降，最终到 0（如果有功负荷增加很多或大机组低频保护动作掉闸，以致曲线 A 和 B 不能相交时，系统频率会迅速下降至 0）。这种频率不断下降最终到 0 的现象称为频率崩溃，或者叫作电力系统频率失稳。

139．防止频率崩溃的措施有哪些？

（1）电力系统运行应保证有足够的、合理分布的旋转备用容量和事故备用容量。

（2）电力系统应装设并投入有预防最大功率缺额切除容量的低频率自动减负荷装置。

（3）水电厂机组采用低频自启动装置和抽水蓄能机组装设低频切泵及低频自启动发电的装置。

（4）制定系统事故拉闸序位表，在需要时紧急手动切除负荷。

（5）制定保发电厂厂用电及重要负荷的措施。

140. 电力系统标称频率及其允许偏差是多少？

根据GB/T 15945—2008《电能质量 电力系统频率偏差》的规定，中国电力系统标称频率为50Hz，正常运行条件下频率偏差限制为±0.2Hz，当系统容量较小时（通常小于3000MW），偏差限制可以放宽到±0.5Hz。电力系统实际运行中，在AGC投运的情况下，电网频率按±0.1Hz控制。

141. 电网频率过高、过低对汽轮机有什么影响？

电网高频和低频运行对汽轮机的运行都是不利的。汽轮机叶片的固有振动频率都是在电网频率正常的条件下调整在合格范围。当电网频率过高或过低时，有可能使汽轮机某几级叶片接近或陷入共振区，使应力显著增加，从而导致疲劳断裂。

此外，电网低频率运行使汽轮机汽耗增加，降低了效率；会使给水泵转速减慢，降低了给水压力，严重时会引起锅炉缺水；也会使循环水泵转速减慢，减少循环水量，影响凝汽器真空；还会使锅炉的风机转速减慢，导致锅炉热负荷降低和炉膛燃烧不稳定。

142. 调速器在发电机功率-频率调整中的作用是什么？何谓频率的一次调整、二次调整与三次调整？

调速器在发电机功率-频率调整中的作用是：当系统频率变化时，在发电机组技术条件允许范围内，自动改变汽轮机的进汽量或水轮机的进水量，从而增减发电机的出力（这种反映由频率变化而引起发电机组出力变化的关系，称为发电机调速系统的频率静态特性），对系统频率进行有差的自动调整。

频率的一次调整、二次调整与三次调整分别如下：

（1）由发电机调速系统频率静态特性而增减发电机出力所起到的调频作用叫频率的一次调整。在电力系统负荷发生变化时，仅靠一次调整不能恢复系统原来的运行频率，即一次调整是有差调整。

（2）为了使系统频率维持不变，需要运行人员手动操作或调度自动化系统AGC自动操作，增减发电机组的发电功率，进而使频率恢复目标值，这种调整称为二次调整。

（3）频率二次调整后，使有功功率负荷按最优分配，即经济负荷分配，是电力系统频率的三次分配。

143. 什么是智能电网调度自动发电控制（AGC）？

自动发电控制简称AGC，它是智能电网调度控制系统的重要组成部分。

按电网调控中心的控制目标将指令发送给有关发电厂或机组，通过发电厂或机组的自动控制调节装置，实现对发电机组功率的自动控制。

144. 智能电网调度自动发电控制（AGC）有几种控制模式？

AGC有以下三种控制模式：

（1）定频率控制模式FFC（Flat Frequency Control），控制目标是维持系统频率恒定，对联络线上的交换功率不加控制，适用于独立电网或交流联网系统。

（2）定联络线功率控制模式FTC（Flat Tie-line Load Control），控制目标是维持联络线交换功率恒定，对系统频率不加控制，适用于交流联网系统中的小容量系统。

（3）联络线功率与频率偏差控制模式TBC（Tie-line Load Frequency Bias Control），控制目标是维持各分区功率增量的就地平衡，既要控制频率又要控制交换功率，是互联电网最常用的方式。

在区域电网中，一般国调担负系统调频任务，其控制模式应选择定频率控制模式；网调/省调在大区互联电网中，互联电网的频率及联络线交换功率应由参与互联的电网共同控制，其控制模式应选择联络线功率与频率偏差控制模式TBC。

145. 智能电网调度自动发电控制（AGC）的主要特点有哪些？

（1）多目标控制功能。AGC的控制目标不仅要实现传统的有功平衡控制，而且还要实现有功的安全控制，要支持多个目标同时在线控制，强调了AGC控制目标的可扩展性和控制的灵活性。

（2）适应多种控制标准的控制策略。对不同的控制标准均提供了完备的支持，针对各类性能评价标准，提供与之相适应的控制策略及性能统计，同时支持控制策略在线灵活切换。

（3）适应多级调控机构的分层控制协调技术。适应我国电网调度分级运行模式及特高压联网控制的需要，为大区电网的互备运行提供必要的技术支持。主要包括：①支持建立不同层次的控制区域模型；②统一计算各控制区的区域控制偏差（ACE）和性能评价指标；③实现了大区电网控制模型的完全统一；④在统一控制模型的基础上，实现大区电网在控制层面的互为备用。

（4）具备分组和多原则排序策略。分配策略可以实现：①对机组调整的优先级进行分组和排序，排序因子可考虑下列几种方法或它们的组合，即当前实际出力/计划、实际完成电量/计划电量、上网电价、能耗高低等；②一次调整可以只选择部分机组调节，更有利于发挥火电机组的调节性能；③保证机组调节冗余度，升降序列自然分开，避免机组反复上下调节。

（5）具备稳定断面控制技术。在调节AGC机组的同时兼顾稳定断面安全，维持电网输电断面在稳定限额之内运行，减轻运行人员的工作负担。控制方式包括：①以割集断面为控制目标的分区多目标协调控制；②AGC与安全约束调度结合在一起，构成闭环控制，实现稳定断面的预防和校正控制。

（6）可实现水火电协调控制。区域AGC机组类型同时包含水电和火电时，考虑二者之间的协调，针对不同的运行方式，设计相适应的可灵活变化的水火电协调控制构架。根据区域内水火电机组的构成关系以及AGC总的调节目标不同，可分为：①水电机组调整区域调节需求，火电机组执行实时计划（适用于区域内水电机组调整容量较为充裕的情况）；②火电机组按照可调容量比例分解区域调整需求（水电调节能力受限时，需要火电机组共同承担区域调节需求）；③水火电机组各自跟踪不同的调整目标、解耦控制（除了在时间上考虑控制的协调配合外，还在空间上将控制目标解耦）。

146. AGC模式下的发电源是什么？对发电源常用的控制模式有哪些？

发电源是AGC的一个控制对象，可以是一台机组、几台并列运行的机组，还可以是整个电厂或几个并列运行的电厂。AGC软件包发出的设点控制指令都是针对发电源的。对发电源常用的控制模式如下。

（1）调节模式：正常的AGC调节模式，参与对ACE的校正控制，调节的基准功率是在线经济调度算出的功率，因此是随着负荷水平浮动，并由等微增原则在参与调节的发电源间进行分配的。

（2）基点模式：发电源只响应调度员输入的基点功率，对ACE不响应，不参与校正ACE的控制。

（3）计划模式：发电源只响应于预先输入的计划曲线，对ACE不响应，不参与校正ACE的控制。

（4）爬坡模式：发电源从当前功率变化到新的基点功率时的模式。新的基点功率可以由调度员输入设定，或通过计划模式到达预定时间后自动设定。爬坡速度在数据库中设定。

（5）基点调节模式：与调节模式相同，只是调节的基准功率是调度员输入的基点功率。

（6）计划调节模式：与调节模式相同，只是调节的基准功率是计划曲线中设定的功率。

（7）基点增援模式：正常情况下与基点模式相同，紧急情况下与调节模式相同。

（8）计划增援模式：正常情况下与计划模式相同，紧急情况下与调节模式相同。

147. ACE的具体含义是什么？

ACE即区域控制偏差（Area Control Error）。在二次调频中，ACE用于进行系统频率和联络线潮流数据的分析计算，将ACE在机组之间进行分配，从而进行机组出力的定量控制。ACE的计算方法为

$$P_{ACE} = \Delta P + B \times \Delta f$$

式中：ΔP为联络线交换有功功率实际值与计划值的偏差，MW；Δf为电网频率偏差，Hz；B为控制区域电网的频率偏差系数，MW/0.1Hz。

对定频率控制模式FFC，P_{ACE}只取右边项；对定联络线功率控制FTC，P_{ACE}只取左边项；对频率联络线偏差控制模式TBC，P_{ACE}两项都取。如果再加上二次控制模式，则P_{ACE}还需增加相应的附加项。

148. 河北南部电网ACE的调整要求是什么？

TBC采用A_1和A_2考核标准：A_1为P_{ACE}的瞬时值，A_2为P_{ACE}在15min之内的平均值。每15min考核一次，要求A_1在15min之内至少过零一次；A_2在15min之内的平均值在±95MW以内。

149. 电网频率出现异常的处理原则是什么？

当频率超出（50±0.1）Hz，且本网P_{ACE}值超出规定的偏差时，值班调度员应迅速采取有效措施，将P_{ACE}值控制在规定偏差内。当电网调整容量不足时，值班调度员应迅速向上级调度汇报，必要时可请求事故支援。当频率超出（50±0.1）Hz，但本网P_{ACE}值在规定偏差内时，值班调度员应按上级调度要求处理。具体处置措施如下。

频率异常降低时：①使运行中的发电机增加有功功率，投入系统中的备

用发电容量，迅速启动备用机组；②按照预先制定的紧急负荷控制序位表切除不重要的负荷，按照有序用电序位表通知用户降低用电容量；③手动切除在低频减载装置整定的频率下未自动切除的负荷；④对于发电厂，系统频率低至危及厂用电安全时，可按制定的保厂用电措施，部分发电机与系统解列，专供厂用电和部分重要的负荷，以免引起频率崩溃；⑤利用联网系统的事故支援。

频率异常升高时：①调整电源功率，减少发电机出力；②启动抽水蓄能机组抽水运行；③发电机停备等方法。

150．电网振荡事故的处理原则是什么？

频率升高的发电厂，应立即自行降低出力，使频率下降，直至振荡消失或频率降到不低于49.80Hz；频率降低的发电厂，应立即自行升高出力，使频率上升，直至振荡消失或频率升到49.80Hz以上。必要时有关调度可以在频率降低的地区进行紧急负荷控制；各发电厂应自行提高无功出力，尽可能使电压提高至最大允许值。

二、电压调整

151．什么是电力系统的电压特性？

电力系统的电压特性与电力系统的频率特性不同。电力系统各节点的电压通常情况下是不完全相同的。所以，电力系统的电压特性一般是分区的。它是由各区的有功和无功负荷共同决定的，且与网络结构（网络阻抗）有较大关系。因此，一般情况下，电压不能集中调整控制，只能分区调整控制。

152．什么是电力系统各类负荷有功功率的电压特性？

（1）同（异）步电动机：与电压基本上无关（异步电动机滑差变化很小）。

（2）电炉、电热、整流、照明用电设备：与电压的平方成正比（其中照明用电负荷与电压的1.6次方成正比，可近似为平方关系）。

（3）网络损耗负荷：与电压的平方成反比（其中变压器的铁损与电压的平方成正比，因所占比例很小，因此可忽略）。

153．什么是电力系统各类负荷无功功率的电压特性？

（1）异步电动机和变压器是系统中无功功率的主要消耗者，决定着系统无功功率的电压特性。其无功损耗分为励磁无功功率与漏抗中消耗的无功功率两部分。励磁无功功率随着电压的降低而降低，漏抗中消耗的无功功率与电压的平方成反比，随着电压的降低而增加。

（2）输电线路中的无功功率损耗与电压的平方成反比，而充电功率却与电压的平方成正比。

（3）照明、电阻、电炉等负荷因为不消耗无功，所以没有无功功率电压静态特性。

154. 电力系统中的无功电源有几种？各有什么特点？

电力系统中的无功电源有以下几种：

（1）发电机是电网中最基本的无功功率电源，通过控制励磁电流调整发电机输出无功功率，既可以发出无功，也可以吸收无功。

（2）调相机可调节无功功率的方向和大小，但投资大、维护复杂、调节慢。

（3）并联电容器可以补偿容性无功功率，可以提高电压，其无功功率调节性能相对较差。

（4）并联电抗器可以补偿感性无功功率，可以降低电压，其补偿的无功功率与所在母线的电压平方成正比。

（5）交流滤波器由电容器、电抗器和电阻串并联组成，其特点是既可以补偿无功功率，又可以滤除谐波。

（6）高压输电线路的充电功率。

（7）静止无功补偿器（Static Var Compensator，SVC）、静止同步补偿器（Static Synchronous Compensator，STATCOM）等静止无功补偿装置由并联电容器、电抗器和检测与控制系统组成，其优点是调节速度快、功能多、运行范围宽等。

155. 什么是电压崩溃？

如图2-2所示，Q_F 和 Q_{FH} 分别为系统内某点无功电源与无功负荷的电压特性曲线。

假设这时所有的无功电源容量都已调至最大，在某一时刻，无功电源和无功负荷在点1到达平衡，运行电压为 U_1。随着无功负荷的增长（增加值为 ΔQ_{FH1}），由于无功电源已不能增加，因此实际运行点不是 Q_{FH2} 上对应 U_1 的点，而是在 Q_{FH2} 与 Q_F 的交点2处，运行电压为 U_2。同理，当无功负荷继续增加 ΔQ_{FH2} 时，实际运行点在 Q_{FH3} 与 Q_F 的切点3处，此时 $dQ/dU = 0$，运行电压

为 U_{LJ}，U_{LJ} 称为临界电压。

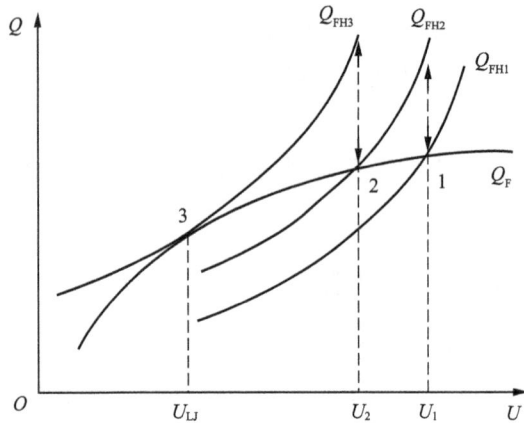

图 2-2 电力系统 Q-U 曲线

如果电力系统运行电压等于（或低于）临界电压，扰动使负荷点的电压下降，将使无功电源永远小于无功负荷，从而使电压不断下降最终到 0（如果无功负荷增加很多，以致使 Q_{FH} 不能与 Q_F 曲线相交时，电压会迅速下降最终到 0）。这种系统电压不断下降最终到 0 的现象称为电压崩溃，或者叫作电力系统电压失稳。

156. 防止电压崩溃应采取哪些措施？

（1）依照无功分层分区、就地平衡的原则，安装足够容量的无功补偿设备，是防止电压崩溃、做好电压调整的基础。

（2）在正常运行中要备有一定的可以瞬时自动调出的无功功率备用容量，如发电机无功备用和静止同步补偿器 STATCOM，特别在受端系统中此点尤为重要。

（3）在供电系统采用有载调压变压器时，必须配备足够的无功电源。

（4）不进行远距离、大容量的无功功率输送。

（5）超高压线路的充电功率不宜做补偿容量使用，以防跳闸后导致电压大幅波动。

（6）高电压、远距离、大容量输电系统，在短路容量较小的受电端，设置静态无功补偿装置、调相机等做电压支撑。

（7）调度员应对电网中各地的电压稳定裕度加强监视，对电压稳定易于破坏的薄弱地区，应准备好无功电压调整措施。

157．影响系统电压的因素是什么？

系统电压是由系统的潮流分布决定的，影响系统电压的主要因素有：①由于生产、生活、气象等因素引起的负荷变化；②无功补偿容量的变化；③系统运行方式的改变引起的功率分布和网络阻抗的变化；④并网发电机组的无功出力情况；⑤冲击性负荷或不平衡负荷的影响。

158．电网无功补偿的原则是什么？

电网无功补偿按分层分区和就地平衡原则考虑，并且能随负荷或电压进行调整，保证系统各中枢点的电压在正常和事故后均能满足规定的要求，避免经长距离线路或多级变压器传送无功功率。

159．电压和无功为什么要采取分级管理的原则？

因电力系统中的电抗比电阻大得多，远距离输送无功产生的压降很大，只能就地平衡无功和调整电压，而不同电压等级分属不同调度部门管理，因此电压和无功要采取分级管理的原则。

160．系统的电压稳定是指什么？

电压稳定是指电力系统受到小扰动或大扰动后，系统电压能够保持或恢复到允许的范围内，不发生电压崩溃的能力。其中，小扰动电压稳定是指电力系统受到诸如负荷增加等小扰动后，系统所有母线维持稳定电压的能力。大扰动电压稳定是指电力系统遭受大扰动，如系统故障、失去发电机或线路之后，系统所有母线保持稳定电压的能力。

161．电压稳定分析的目的是什么？

电压稳定计算分析的目的是在规定的运行方式和故障形态下，对系统的电压稳定性进行校验，并对系统电压稳定控制策略、低电压减负荷方案、无功补偿配置以及各种安全稳定措施提出相应的要求。

162．什么是系统电压中枢点？电压中枢点一般如何选择？

电力系统中重要的电压支撑节点称为电压中枢点。

电压中枢点的选择原则如下。

（1）区域性水、火电厂的高压母线（高压母线有多回出线）。

（2）分区选择母线短路容量较大的变电站母线。

（3）有大量地方负荷的发电厂母线。

163. 河北南部电网电压监视点的选择原则是什么？

电力调度机构按照《电力系统电压和无功电力技术导则》的规定，制订无功电压调度管理规定。在下列母线中选择足够数量的电压监视点：①直接接入220kV及以上电压等级的发电厂高压母线；②500kV变电站的500kV及220kV母线；③220kV变电站的母线。

164. 何为电压调整的逆调压、恒调压、顺调压方式？

电压调整方式一般分为逆调压、恒调压、顺调压方式。

逆调压是指在电压允许偏差范围内调整供电电压，使电网高峰负荷时的电压高于低谷负荷时的电压值，使得负荷高峰时的中枢点电压可以抵偿电力线路上的电压损耗，负荷低谷时防止负荷点的电压过高，使用户的电压高峰、低谷相对稳定。这种方式适用于中枢点至负荷电力线路较长、负荷变动较大的中枢点。

恒调压是指在任何负荷下，都保持网络中枢点的电压基本不变。这种方式适用于供电给负荷变动较小、电力线路上电压损耗也较小的中枢点。

顺调压是指在高峰期允许电网中枢点的电压略低，在低谷期允许电网中枢点的电压略高。这种方式适用于供电给负荷变动小、电力线路电压损耗小，或用户允许电压偏移较大的农村电网中枢点。

《电力系统电压和无功电力技术导则》规定：为保证用户受电端电压质量和降低线损，220kV及以下电网电压的调整宜采用逆调压方式。

165. 河北南部电网电压调整的要求是什么？

（1）电力调度机构按逆调压原则制定电压曲线，各发电单位应严格按照调度下达的电压曲线进行电压调整工作。

（2）有调压手段的电压监视点的值班人员，应经常监视其母线电压，并按网调、省调下达的电压运行曲线及时进行调整。当其母线电压超过允许偏差范围而又无能力调整时，应立即汇报省调值班调度员。当500kV电压超过规定曲线时，有调整能力的厂站应调整无功功率或补偿容量。经调整后仍超过规定的，值班调度员应报告上级调度值班调度员。

（3）高峰负荷期间，各母线电压应维持在相应的高限值运行。在未达到相应的高限值前，发电机必须按其运行规程规定带满无功出力，电容器全部投入。

（4）低谷负荷期间，各母线电压应降至相应低限值运行。当电压超过相应高限值时，发电机应按高功率因数运行。必要时，发电机还须进相运行。

（5）特殊情况下（如电网故障、天气突然变化、节日等）值班调度员有权修改电压曲线及 AVC 控制策略，各单位值班人员应立即按照修改后的电压曲线进行调整，双方应做好记录。

（6）电压监视点的电压偏离调度机构下达的电压曲线±5%的延续时间不得超过 60min；偏离±10%的延续时间不得超过 30min；

（7）非电压监视点的发电厂、变电站的母线电压按年度方式给定的电压曲线运行。

166. 什么是自动电压控制（AVC）？

AVC（Automatic Voltage Control，自动电压控制）可对全网无功电压状态进行集中监视和分析计算，从全局的角度对广域分散的电网无功装置进行协调优化控制，它不仅可以实现对无功电压的自动调节，而且具有一定的优化功能，是保持系统电压稳定、提升电网电压品质和整个系统经济运行水平、提高无功电压管理水平的重要技术手段。

按照分层分区的建设思路，各厂站均接受 AVC 系统主站的直接集中控制，主站将最优的无功电压调整方案自动下发给厂站的子站，连续闭环地进行电压实时优化控制。

正常情况下，电压监视点电压由 AVC 主站闭环控制，按照 AVC 主站指令自动调整母线电压。AVC 异常的情况下，集控中心运行值班人员、厂站运行值班人员按电压曲线进行电压控制。

167. AVC 系统控制对象包括哪些？

AVC 系统控制对象包括发电机（包括调相机）、有载调压变压器、并联电容/电抗器、静止无功补偿器（SVC）、动态无功补偿设备等，AVC 应能实现上述设备之间的协调控制。这些 AVC 控制对象按指令自动进行闭环调整，使注入电网的无功值为电网要求的优化值，从而使全网的无功功率和电压都达到要求，使电网有接近最优的无功潮流。

168. 发生电压异常时，厂站值班人员的处理原则是什么？

当出现低电压异常时，现场值班人员应利用发电机的事故过负荷能力来限制电压的继续下降，同时汇报值班调度员。值班调度员应迅速采取有效手段，必要时在电压低的地区进行紧急负荷控制，直至电压恢复正常。

当出现高电压异常时，现场值班人员应及时汇报值班调度员。值班调度员可以采取机组进相、水电机组调相运行、调整运行方式等措施，必要时可以停运机组、电气元件，直至电压恢复正常。当电压降低，威胁发电厂厂用电系统的安全运行时，值班人员可以根据现场保厂用电措施进行处理，并报告值班调度员。

169. 电网监视点电压降低超过规定范围时，值班调度员应采取的措施有哪些？

（1）迅速增加发电机无功出力。
（2）投入无功补偿电容器（应有一定的超前时间）。
（3）设法改变系统无功潮流分布。
（4）必要时启动备用机组调压。
（5）切除并联电抗器。
（6）确认无调压能力时进行紧急负荷控制。

170. 电网监视点电压过高超过规定范围时，值班调度员应采取的措施有哪些？

（1）发电机高功率因数运行，尽量少发无功。
（2）部分发电机进相运行，吸收系统无功。
（3）切除并联电容器。
（4）投入并联电抗器。
（5）控制低压电网无功电源上网。
（6）必要且条件允许时改变运行方式。
（7）调相机组改进相运行。

171. 发电机进相运行是指什么？发电机进相运行时应注意什么？

发电机发出有功而吸收无功的运行状态称为进相运行。发电机进相运行时，应注意以下问题。

（1）静态稳定性降低。进相运行时，由于发电机内部电势降低，静态储备降低，使静态稳定性降低。

（2）根据发电机的功角特性，在进相运行时内部电势及机端电压均有所降低，在输出功率不变的情况下，功角δ增大，同样会降低动态稳定水平。

（3）端部漏磁引起定子端部温度升高。发电机端部漏磁通为定子绕组端部漏磁通和转子端部漏磁通的合成。进相运行时，由于两个磁场的相位关系使得合成磁通较非进相运行时大，因此导致定子端部温度升高。

（4）厂用电电压降低。厂用电一般引自发电机出口或发电机电压母线。进相运行时，由于发电机励磁电流降低引起机端电压降低，同时导致厂用电电压降低。

（5）在输出功率不变的情况下，发电机机端电压降低导致定子电流增加，易产生过负荷。

172. 何为发电机的调相运行？

调相运行就是指发电机不发出有功功率，只向电网输出感性无功功率的运行状态。调相运行可以起到调节系统功率，维持系统电压水平的作用。调相运行是指发电机工作在电动机状态，它既可以过励磁运行也可以欠励磁运行。过励磁运行时，发电机发出感性无功功率。欠励磁运行时，发电机发出容性无功功率。一般做调相运行时均是指发电机工作在过励磁状态，即发出感性无功功率。

调相运行的电动机是需要消耗有功功率来维持其转动的，其消耗的有功功率可以从原动机上获得，也可以从系统中获得。汽轮发电机在调相运行时，汽轮机鼓风摩擦很大，使排汽温度升高，汽轮机要从轴封处进一点汽，其作用除轴封外，还可以同时冷却汽机的转子和汽缸。

水轮发电机调相运行是将水轮机的导水叶关闭，排出水轮室的水，使水轮发电机本身转动的能源改由系统供给，增加发电机的励磁电流即可向系统供给无功功率。

发电机调相运行时，一方面使系统有旋转备用容量，随时可升带有功负荷；另一方面可以调节无功功率，维持系统电压在正常水平。

173. 电网联络线两端变电站静态电压控制范围一般是如何确定的？

采用电压波动计算分析方法，主要针对联系薄弱的电网联络线，在所研究的潮流方式下，采用稳定计算程序，通过在联络线两侧电网施加扰动，模拟上述薄弱联络线的潮流波动，首先确定交流联络线潮流波动幅值，继而分析近区关键节点的电压波动，根据电压波动值确定电压控制范围。

174. 特高压交流联络线的调压手段有哪些？

（1）通过系统调压，即通过调节联络线的无功潮流和两端系统的无功分布实现调压。

（2）通过调节主变压器分接头实现调压，特高压主变压器分接头调节方式分为无载调节和有载调节两种，无载调节的主变压器在进行分接头调整时须停运，有载调节的主变压器分接头可以实现在线调整。

（3）通过线路高压并联电抗器调压，特高压输电线路高压并联电抗器的主要作用是补偿线路的容性无功充电功率，抑制线路空载或轻载时的工频过电压；当线路采用可控高压并联电抗器时，高压并联电抗器提供的感性无功功率可以根据线路的运行状态灵活调整，从而获得更理想的调压效果。

（4）通过投切低压补偿电容、电抗器调压，特高压交流变电站内通常配置有低压无功补偿设备，可以根据站内电压、无功交换等监测值实现自动或手动投切，从而改变站内无功平衡情况，实现电压调整。

175. 电容器（电抗器）投切所引起的电压变化幅度与什么有关？

电网中某节点的短路容量决定着在该点投切电容器（电抗器）所产生的电压变化。高的短路容量（相当于低的系统阻抗）意味着网络连接很强，投入负荷或并联电容器、电抗器将不会引起电压幅值大的变化。

176. 并联电抗器和串联电抗器各有什么作用？

线路并联电抗器可以补偿线路的容性充电电流，限制系统电压升高和操作过电压的产生，保证线路的可靠运行。母线串联电抗器可以限制短路电流，维持母线有较高的残压。而电容器组串联电抗器可以限制高次谐波，降低电抗。

177. 当系统无功不足导致电压下降时，为什么不宜调整使电压升高的变压器分接头？

系统无功不足导致电压下降时，根据负荷的特性，负荷自系统取用的功率也相应减小，在一定程度上起着自动维持电压的作用，使系统达到一个接近原始状态的运行点。

变压器并不是无功电源，本身不能产生无功，改变变压器的变比只能改变系统的无功功率分布，使部分节点的电压恢复正常。当系统无功不足导致电压下降时，调节变压器分接头，力图使负荷侧的电压恢复到整定值，会使负荷消耗更多的无功，无功缺额进一步增大，如此循环，使系统提前进入电压不稳定区域，使一个本来可以在较低电压下维持稳定运行的系统发生电压崩溃。而且负荷从高峰时段回到低谷时段后，还会引起过电压及一系列的绝缘问题。

因此，当系统无功不足导致电压下降时，应该通过装设的无功补偿设备（并联电容器、发电机、调相机、静止补偿器等）增发无功来补偿。

178. SVC 的主要原理是什么？

SVC通过将电力电子元件引入传统静止无功补偿装置，可以快速、平滑地调节无功出力，既可以为电力系统提供动态无功电源、调节系统电压。当系统电压较低、重负荷时能输出容性无功；当系统电压较高、轻负荷时能输出感性无功，将供电电压补偿到一个合理水平。

除此之外，SVC还能增加线路的输电能力，抑制低频振荡及次同步振荡；另外，SVC对三相不平衡负荷及冲击性负荷有较强的适应性，能改善电能质量，提高用户的生产工效、产品质量并降低能耗。

179. 与SVC相比，静止无功发生器（SVG）有哪些优点？

SVG是指采用全控型电力电子器件组成的桥式变流器来进行动态无功补偿的装置。与SVC相比，SVG的调节速度更快，运行范围更宽，而且在采取多重化或PWM技术等措施后可以大大减少补偿电流中谐波的含量。SVG可以在动态电压控制、功率振荡阻尼、暂态稳定、电压闪变控制等方面改善电力系统的性能。更重要的是，SVG使用的电抗器和电容元件远比SVC中使用的电抗器和电容要小，这将大大缩小装置的体积和成本。

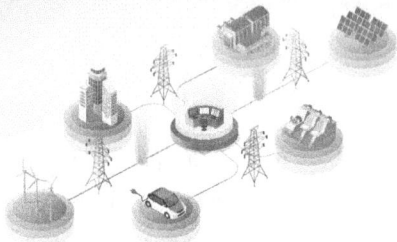

第三章 电网检修工作规定

一、检修工作管理规定

180. 电网调度计划包括哪些内容？

调度计划包括发输电计划和设备停电计划，按照安全运行、供需平衡和最大限度消纳清洁能源的原则，统筹确定年度、月度、日前发输电计划和设备停电计划。

181. 年度调度计划编制有何要求？

（1）年度停电计划应统筹考虑电网基建投产、设备检修和基础设施工程等因素，并以相关文件为依据。

（2）年度停电计划中，原则上不安排同一设备年内重复停电。

（3）对电网结构影响较大的项目，必须通过专题安全校核后方可安排。

（4）年度发输电计划（包括大用户直供等交易）必须通过调控机构安全校核。

（5）年度发电设备检修计划应考虑分月电力电量平衡和跨区跨省输电计划等。

（6）各有关单位应按相应调控机构要求，提前报送次年度输变电设备检修计划、新建工程计划、扩建工程计划、改建工程计划、发电设备检修计划、分月负荷预测。

182. 月度调度计划编制有何要求？

（1）月度停电计划以年度停电计划为依据，未列入年度停电计划的项目一般不得列入月度计划。

（2）对于新增重点工程、重大专项治理等项目，相关部门必须提供必要说明，并通过调控机构安全校核后方可列入月度计划。

（3）月度停电计划须进行风险分析，制定相应预案及预警发布安排，对可能构成一般及以上事故的停电项目，须提出安全措施，并按规定向相应监管机构备案。

（4）月度发输电计划编制应统筹全网发电资源、负荷预测、安全约束、电力电量平衡、月度跨区跨省电力、通道设备停电检修计划，并合理预留调峰、调频资源。

183. 日前调度计划编制有何要求？

（1）日前停电计划的编制，应以月度停电计划为基础，原则上不安排未列入月度停电计划的项目，日前停电计划必须进行安全校核。

（2）各有关单位应根据月度停电计划，向相应调控机构提交检修工作票，检修工作票须逐级报送。

（3）日前发输电计划包括跨区跨省联络线96点输电计划、机组组合、96点发电计划、风力（光伏）发电功率预测和风险点提示等。

（4）日前发输电计划编制应综合考虑跨区跨省输电计划、电网安全约束、机组约束、现货市场交易结果等因素，并须通过国调组织的全网联合量化安全校核。

184. 紧急停电的申请流程是什么？

设备异常需紧急处理或设备故障停运后需紧急抢修时，由运维人员向相应调度机构值班调度员提出申请，并由值班调度员批复。

185. 检修工作票制度的重要性是什么？

电力系统设备繁多，设备停电对电网安全的影响很大，检修工作票是保证电网设备检修工作安全、有序进行所必须的、有效的组织措施。检修工作票的标准化，是各项检修工作安全、高效开展的前提，对电力系统的安全运行至关重要。

186. 电网设备检修工作开展的总体要求是什么？

（1）设备检修应由设备运维单位按规定格式向相应调控机构提交检修申请票。

（2）检修申请票的开工、竣工手续，均由设备运维单位所属调控机构的值班调度员、输变电设备运维人员、厂站运行值班人员向相应调控机构的值班调度员办理。

（3）设备临时停电，运维单位需提供书面情况说明，分报相应调控机构和运维管理部门，并附送本单位领导意见。

（4）设备紧急停电，运维单位应在设备停运**4h**内补办检修申请票。

（5）设备恢复送电时，如需进行试验（冲击、核相、保护相量检查、带负荷试验等），应将试验方案与检修申请票一并报相应调控机构。

（6）输变电设备带电作业，按直调范围经相应调控机构值班调度员同意后进行；需停用重合闸的，应向相应调控机构提交检修申请票。国调及华北分中心调管范围的输变电设备带电作业，应按规定向省调提交检修申请票。

（7）带电作业应在良好的天气下进行，如遇雷雨、大风、雪、雾或者不符合带电作业要求的天气时应立即停止作业。

（8）设备检修时间的计算：机炉是从系统解列或停止备用开始；电气设备是从值班调度员下达第一项停电调度操作指令开始，到设备重新正式投入运行或根据调控机构要求转入备用为止。

（9）禁止在未经申请、批准及下达开工令的已停电设备上工作。禁止约时检修或停送电。已批准检修的设备在预定开始时间未能停下来，原则上应将原检修时间缩短，而投入运行的时间不变。

（10）在设备检修期间，因系统特殊需要，值班调度员有权终止检修或缩短检修工期，尽快使设备投入运行。

187. 电网检修工作票执行流程有哪些？

（1）提出申请。设备运维单位根据检修工作要求，向电网调度机构提交检修工作票。

（2）流转审核。电网调度机构相关专业人员对检修工作票的内容进行审核，并批复专业意见。审批通过后，向检修工作相关单位发布检修工作票。

（3）发布签收。各单位在检修工作票发布后应及时签收。签收工作票时，应详细查看工作票批准的停电范围、工作内容、工作时间及电网安全措施等，并做好记录，及时通知本单位相关部门。

（4）开工。值班调度员在开工前应全面核实实际工作与停电要求的一致性、设备状态与现场实际状态的一致性、安全措施是否已落实到位、事故预案是否已制定落实、现场天气是否满足操作及施工要求等。安全措施未制定、未落实不得开工。

（5）变更工作内容。设备检修工作开工后，临时增加或变更工作内容且不改变停电范围和设备状态的，应由开工单位向相应调度机构提出申请，经调度机构同意后方可进行，严禁未经调度机构批准自行增加或变更工作内容。

（6）竣工。设备检修工作结束后，由工作单位向相应调度机构汇报竣工。

报竣工前，应确认设备状态、地线位置及数目、工作人员已全部撤离现场、临时安全措施均已恢复，确保停运设备具备送电条件。

（7）延期。设备检修在批准工期内不能竣工的，可提出工作延期申请。延期申请须在工期未过半前通过调度电话向值班调度员提出。延期申请只允许办理一次。

（8）撤销。对于未开工的工作需要撤销的，申请单位应向相关调度机构办理撤票手续，并说明原因。撤票后如再开展工作，需另提申请。

（9）顺延。因天气等原因导致已批复的检修工作在当日无法进行，申请单位可向相关调度机构提交顺延申请。调度机构统筹考虑后续检修工作安排、电网方式变化等因素后，对顺延申请进行审批。批准后的顺延票日后工作时可不再另提新票。

188. 通信检修工作开展的总体要求是什么？

通信检修工作应严格遵守电力通信检修管理规定相关要求，对通信检修申请票的业务影响范围、采取的措施等内容严格进行审查核对，对影响一次电网生产业务的检修工作按一次电网检修管理办法办理相关手续。严格按通信检修申请票工作内容开展工作，严禁超范围、超时间检修。

189. 应填用电力通信工作票的工作有哪些？

（1）国家电网公司总（分）部、省电力公司、地市供电公司、县供电公司本部和县供电公司以上电力调控（分）中心电力通信站的传输设备、调度交换设备、行政交换设备、通信路由器、通信电源、会议电视MCU、频率同步设备的检修工作。

（2）国家电网公司总（分）部、省电力公司、地市供电公司、县供电公司本部和县供电公司以上电力调控（分）中心电力通信站内和出局独立电力通信光缆的检修工作。

（3）电力通信站通信网管升级、主（互）备切换的检修工作。

（4）变电站、发电厂等场所的通信传输设备、通信路由器、通信电源、站内通信光缆的检修工作。

（5）不随一次电力线路敷（架）设的骨干通信光缆检修工作。

190. 电力调度自动化系统检修工作开展的总体要求是什么？

（1）主站系统的计划检修和临时检修由自动化管理部门至少在3个工作日

前提出书面申请，经本单位其他部门会签并办理有关手续后方可进行。如可能影响到向相关调度机构传送的自动化信息，则应向上级调度机构提出申请并获得准许后方可进行。

（2）主站系统的故障抢修，由自动化值班人员及时通知本单位相关部门并按现场规定处理，必要时报告主管领导。如影响到向相关调度机构传送的自动化信息，则应及时通知相关调度机构自动化值班人员。故障抢修结束后，应及时提供故障分析报告。

（3）子站设备的年度检修计划应与一次设备的检修计划一同编制和上报，由对其有调度管辖权的调度机构自动化管理部门负责进行审核和批复。

（4）子站设备发生故障后，运行维护人员应立即向对其有调度管辖权和设备监控权的集控中心值班员汇报，报告故障情况、影响范围，并按照现场规定进行故障处理。情况紧急时，可以先进行处理，处理完毕后尽快将故障处理情况报以上调度机构自动化管理部门。

（5）设备检修工作开始前，应与对其有调度管辖权的调度机构自动化值班人员联系，得到确认并通知受影响的调度机构自动化值班人员后方可工作。设备恢复运行后，应及时通知以上调度机构的自动化值班人员，并记录和报告设备处理情况，取得认可后方可离开现场。

二、检修工作票填写规范

191. 检修工作票包括哪些内容？

检修工作票应包括申请工作时间、工作内容、工作要求（停电范围以及对电网的要求）等。工作内容与工作要求要对应，应如实反映现场工作实际内容，严禁出现要求和内容不相符等情况，如扩大或缩小停电范围、擅自增加或减少工作内容等。

192. 检修工作票中设备状态有何分类？

对于一次设备，设备状态分为热备用、冷备用、检修、退备用等状态。

对于二次设备，"退出/投入"用于保护及安自装置，"停用"仅用于重合闸，"退备用"用于正常状态下退出的保护。

193. 检修工作票中停电类型有何分类？

（1）年月计划免申报停电是指对电网正常运行方式无明显影响的电气设

备停电计划，可以不申报年度、月度计划，直接按规定办理检修申请票，为年月计划免申报停电。

（2）计划停电是指纳入月度设备停电计划，并办理停电检修申请票的设备停电工作。

（3）临时停电是指未纳入月度设备停电计划，但办理停电检修申请票的设备停电工作；任一设备在连续6个月周期内重复停电视为临时停电。

（4）紧急停电是指设备异常需紧急停运处理以及设备故障停运抢修、陪停等由值班调度员批准的设备停电工作。计划停电与临时停电均不提紧急票。

194．施工受令单位如何填写？

施工受令单位是指执行检修工作票开、竣工时的联系单位，通常情况下，施工受令单位和设备的调管范围与实际进行工作的单位有直接关系。

195．工作地点如何填写？

工作地点根据实际情况填写，站内设备填变电站名，线路填××kV××线，电厂、新能源场站填写厂、站名。

196．电压等级如何填写？

母线、线路、无功补偿设备填写设备的电压等级，主变压器填写高压侧电压等级，风机、光伏阵列、机组填写并网线的电压等级，二次设备填写对应一次设备的电压等级。

197．"每天工作"的含义以及适用条件是什么？

需每天向调度机构履行开工、竣工手续，且每天进行工作的时间段相同时，需选择每天工作。例如：连续多日对线路进行带电作业，每天操作停运线路重合闸、机炉试验等工作。

198．停电设备如何填写？

停电设备使用双重编号，以河北南部电网为例，常见命名原则如下。

（1）线路：××kV××线。

（2）出线开关：××线××开关。

（3）主变压器：#×主变压器。

（4）主变压器开关：#×主变压器的××开关。

（5）母线：××kV#×母线。

（6）母联开关：母联××开关。

（7）分段开关：分段××开关。

（8）母线TV：××kV#×母线的TV。

（9）机组：#×机组。

（10）光伏阵列：#×～#×光伏阵列。

（11）风机：#×～#×风机。

（12）SVG：××kV#×SVG（通常为35kV）。

（13）线路保护：甲乙线××开关的××型保护，甲乙线××、××开关的××型保护。

（14）主变压器保护：#×主变压器的××型保护。

（15）母线保护：××kV#×母线的××型保护。

199. 设备停电范围如何确定？

设备停电范围的确定应严格依据检修工作内容，严禁出现停电范围与工作内容不相符等情况。站内一次设备工作，一般需对应转检修的设备如下：

（1）主变压器本体：主变压器。

（2）主变压器开关：开关。

（3）主变压器开关主变压器侧刀闸：主变压器+开关。

（4）主变压器开关母线侧刀闸：主变压器开关+母线。

（5）出线开关：开关。

（6）出线开关TA：开关。

（7）出线开关母线侧刀闸：母线+开关。

（8）出线开关线路侧刀闸：线路+开关。

（9）出线避雷器/TV/CVT：线路。

（10）母线：母线。

（11）母联/分段开关：母联/分段开关。

（12）母线TV：母线TV。

注：TA工作，对应开关需转检修；刀闸工作，刀闸两侧设备均需转检修；出线开关线路侧刀闸以外的站内设备工作，线路需转检修；3/2接线的变电站，母线所连接刀闸工作，母线及对应开关需转检修。

第四章 电网倒闸操作

一、倒闸操作管理规定

200. 哪些情况可以进行远方操作?

（1）一次设备计划停送电的开关操作。

（2）故障停运线路远方试送的开关操作。

（3）无功设备投切及变压器有载调压分接头操作。

（4）负荷倒供、解合环等方式调整的开关操作。

（5）小电流接地系统查找接地时线路试停的开关操作。

（6）经本单位主管领导同意且经试验许可的GIS设备刀闸（接地刀闸除外）操作。

（7）具备远方操作条件的继电保护及安全自动装置软压板的投退、保护信号的复归操作。

（8）其他按调度紧急处置措施要求的开关操作。

201. 设备遇有哪些情况时，严禁进行开关远方操作?

（1）开关未通过遥控验收。

（2）开关正在检修（遥控传动除外）。

（3）接到现场有运维人员巡视的汇报。

（4）集中监控功能（系统）异常影响开关遥控操作。

（5）一、二次设备出现影响开关遥控操作的异常告警信息。

（6）未经批准的开关远方遥控传动试验。

（7）不具备远方同期合闸操作条件的同期合闸。

（8）输变电设备运维单位明确开关不具备远方操作条件。

202. 拟写调度操作指令票有哪些要求?

（1）操作指令票的拟票人、审核人、审批人、下令人、监护人必须签字。

（2）操作指令票应使用统一的调度术语和设备双重名称，涉及无人值班变电站设备的操作时，应在双重名称前加上变电站名称。

（3）操作顺序有要求时，应以中文一、二、三等标明指令的序号；一条指令分为若干小项时，应按操作的先后顺序，用阿拉伯数字1、2、3等标明项号。

（4）操作指令票的内容不准出现错字、漏项等；尚未执行的操作指令票不用时，应在票面注明"作废"字样；已审批签字的操作指令票作废的应注明作废原因。操作指令票中需要说明的事项应记录在操作指令票的备注栏中。

（5）操作指令票执行过程中，因设备或电网异常等原因导致该指令不能继续执行时，应终止执行，值班调度员须在该操作指令票票面注明"终止执行"字样，并在备注栏注明终止执行的原因。

203．调度指令的形式有哪些？

（1）综合指令：仅涉及一个单位的倒闸操作，可采用综合指令的形式。

（2）逐项指令：凡涉及两个及以上单位的倒闸操作，或在前一项操作完成后才能进行下一项的操作任务，必须采用逐项指令的形式。

（3）即时指令：机炉启停、日调度计划的下达、运行调整、异常及故障处置等可以采用即时指令的形式。下达即时指令时，发令人与受令人可以不填写操作指令票，但双方要做好记录并使用录音。

204．操作指令票分为哪两种？

操作指令票分为计划操作指令票和临时操作指令票。

（1）计划操作指令票应依据检修申请票拟写，必须经过拟票、审核、审批、下达预令、执行、归档六个环节，其中拟票、审核、审批须由不同人完成。计划送电操作以及单一开关、刀闸、保护和自动装置的操作可以不下达预令。

（2）临时操作指令票应依据临时工作申请和电网故障处置需要拟写，可以不下达预令。

205．倒闸操作前应考虑哪些问题？

（1）接线方式改变后电网的稳定性和合理性，有功、无功功率平衡及备用容量，水库综合运用及新能源消纳。

（2）电网安全措施和事故预案的落实情况。

（3）操作引起的输送功率、电压、频率的变化，潮流超过稳定限额、设备过负荷、电压超过正常范围等情况。

（4）继电保护及安全自动装置运行方式是否合理，变压器中性点接地方式、无功补偿装置投入情况等。

（5）操作后对设备监控、通信、远动等设备的影响。

（6）倒闸操作步骤的正确性、合理性以及对相关单位的影响。

206. 系统并列前，原则上需满足哪些条件？

（1）相序、相位相同。

（2）频率偏差应在0.1Hz以内。特殊情况下，当频率偏差超出允许偏差时，可以经过计算确定允许值。

（3）并列点电压偏差在5%以内。特殊情况下，当电压偏差超出允许偏差时，可以经过计算确定允许值。

207. 线路操作停、送电有哪些注意事项？

（1）线路停、送电操作应考虑潮流转移和系统电压，特别注意使运行线路不过负荷，断面输送功率不超过稳定限额，应防止发电机自励磁及线路末端电压超过允许值。

（2）尽量避免由发电厂侧向线路充电。

（3）线路充电开关必须具备完善的继电保护，并保证有足够的灵敏度。

（4）220kV及以上线路转检修或转运行的操作中，线路末端不允许带有变压器。

（5）线路高压并联电抗器（无专用开关）投停操作必须在线路冷备用或检修状态下进行。

（6）正常停运带串联补偿装置的线路时，先停串联补偿装置，后停线路；带串联补偿装置线路恢复运行时，先投线路，后投串联补偿装置。

208. 线路一般停送电顺序是什么？

（1）如一侧为发电厂，一侧为变电站，一般先拉开电厂侧开关，后拉开变电站侧开关；如两侧均为变电站，则先拉线路送端开关，再拉开线路受端开关。

（2）拉开线路各侧开关的两侧刀闸（先拉线路侧刀闸，再拉母线侧刀闸）。

（3）在线路上可能来电的各侧挂接地线（或合上接地刀闸）。

（4）线路送电操作与上述顺序相反。

（5）任何情况下禁止"约时"停电和送电。

209. 开关操作有哪些注意事项？

（1）开关合闸前，应确认相关设备的继电保护已按规定投入。开关合闸后，应确认三相均已合上，三相电流基本平衡；开关拉开后，应确认三相均已断开。

（2）开关操作时，若远方操作失灵，厂站规定允许就地操作，则应三相同时操作，不得分相操作。

（3）交流母线为3/2接线方式的设备送电时，应先合母线侧开关，后合中间开关。停电时应先拉开中间开关，后拉开母线侧开关。

210. 变压器操作有哪些注意事项？

（1）变压器并列运行条件：联结组别相同，变比相等，短路电压相等。变比不同和短路电压不等的变压器经计算和试验，在任一台都不发生过负荷的情况下，可以并列运行。

（2）一般情况下，变压器投入运行时，应将变压器保护按正常方式投入，先合电源侧开关，后合负荷侧开关。停电时顺序相反。对于有多侧电源的变压器，应同时考虑差动保护灵敏度和后备保护情况。

（3）变压器投、停前，110kV及以上侧中性点必须接地。运行中的变压器，其110kV或以上侧开关处于断开位置时，相应侧中性点应接地。

（4）110kV及以上变压器倒换中性点接地方式时应按先合后拉的原则进行。

211. 发电机操作有哪些注意事项？

（1）发电机应采取准同期并列。

（2）发电机正常解列前，应先将有功功率、无功功率降至最低，再拉开发电机出口开关，切断励磁。

212. 零起升压操作有哪些注意事项？

（1）零起升压系统必须与运行系统可靠隔离。

（2）用发电机对系统设备零起升压，应事先进行计算，防止发生过电压、自励磁等问题，发电机强励退出，联跳其他非零起升压回路开关的压板退出，其余保护均可靠投入。

（3）对主变压器零起升压时，该变压器保护必须完整并可靠投入，联跳其他非零起升压回路开关压板退出，中性点必须接地。

（4）对线路零起升压时，该线路保护必须完整并可靠投入，联跳其他非零起升压回路开关压板退出，线路重合闸停用。

（5）对双母线中的一组母线零起升压时，母差保护应采取适当措施防止误动作。

213. 母线倒闸操作原则是什么？

（1）母线操作前，应根据现场运行规程规定，将母线保护运行方式作相应切换，以适应母线运行方式。

（2）在倒母线操作（线路、主变压器等设备从接在某一条母线运行改为接在另一条母线上运行）前应将母联开关的直流控制电源断开，操作完毕后投入直流控制电源。

（3）向母线充电应使用带有反应各种故障类型的速动保护开关，且充电时保护在投入状态；充电前确认母线保护未投"互联"方式。用变压器开关向母线充电时，该变压器中性点必须接地。

（4）防止经TV二次侧反充电。

214. 计划操作应尽量避免在哪些时间进行？

（1）交接班时。

（2）雷雨、大风等恶劣天气时。

（3）电网发生异常及故障时。

（4）电网高峰负荷时段。

215. 刀闸操作范围是什么？

（1）拉、合220kV及以下空载母线，但在用刀闸给母线充电时，应先用开关给母线充电无问题后再进行。

（2）拉、合经试验允许和批准的3/2接线母线环流。

（3）开关可靠闭合状态下，拉、合开关的旁路电流。

（4）未经试验不允许拉、合500kV及以上空载母线。

（5）未经试验不允许拉、合空载线路、并联电抗器和空载变压器。

（6）其他刀闸操作按厂站规程执行。

216. 电网运行操作中，防止误操作的"五防"内容是什么？

（1）防止误拉、误合开关。

（2）防止带负荷误拉、误合刀闸。

（3）防止带电合接地刀闸。

（4）防止带接地刀闸误合开关或用刀闸送电。

（5）防止误入带电间隔。

217. 倒闸操作业务联系注意事项有哪些？

进行倒闸操作业务联系时，必须使用普通话及调度术语，互报单位、姓名。严格执行下令、复诵、录音、记录和汇报制度，受令单位在接受调度指令时，受令人应主动复诵调度指令并与发令人核对无误，待下达下令时间后方可执行，执行完毕后应立即向发令人汇报执行情况，并以汇报完成时间确认指令已执行完毕。

二、倒闸操作执行规范

218. 220kV变电站全停及送电操作顺序是什么？

停电操作按照"运行—热备用—冷备用—检修"完成状态转换，按照"由低到高、逐级停电"原则优先将全站设备转成热备用状态，在全站不带有电压的情况下，同步开展转检修操作。

送电操作按照"检修—冷备用—热备用—运行"完成状态转换，在同步将相关设备转成热备用状态后，按照"由高到低、逐级送电"的顺序恢复设备运行。

219. 220kV变电站全停操作的注意事项有哪些？

（1）运维操作人员到站后，集控中心运行值班人员执行遥控操作前应核实现场设备是否具备遥控操作条件，遥控过程中现场人员应远离设备，遥控操作完毕后运维操作人员应配合检查遥控操作质量。

（2）特别复杂的倒闸操作或试用新操作技术时，应提前制定倒闸操作方案。

（3）倒闸操作过程中发现设备缺陷影响操作时，经各级调度协商同意，可调整操作顺序或中止操作。

（4）设备不能同步报竣工送电或特殊情况下经各级调度协商同意，可优先恢复220kV单一设备运行并及时送出部分负荷（即220kV单线路、单母线、单主变压器运行）。

220．220kV新能源升压站全停操作顺序是什么？

（1）将新能源升压站风机（光伏阵列）、SVG、35kV母线、主变压器转检修。

（2）将新能源升压站并网线路转检修。

（3）将新能源升压站220kV母线及其TV转检修。

221．220kV新能源升压站全停后送电操作顺序是什么？

（1）将新能源升压站主变压器、35kV母线、SVG、风电机组（光伏阵列）转冷备用。

（2）将新能源升压站220kV母线及其TV转冷备用。

（3）将新能源升压站并网线路、220kV母线及其TV转运行。

（4）将新能源升压站主变压器、35kV母线、SVG、风电机组（光伏阵列）转运行。

222．对于双回线并网的厂站，线路停送电应注意哪些事项？

（1）严格落实调规规定的倒闸操作前需考虑的内容。

（2）严格落实变电站单电源供电的安全措施。

（3）停电时应先拉开线路本侧开关，再拉开对侧开关，避免变电站全停的风险。

（4）对于发电厂或有电源接入的变电站，送电时应注意检同期合闸。

223．3/2接线方式220kV变电站，其220kV母线TV位于主变压器高压侧开关与刀闸之间，若该母线、主变压器及TV同时停电检修，该如何操作？

该类TV位置特殊，不能随220kV母线一起下令由运行转入其他状态，因此应先由主变压器所辖调度机构将需停电的主变压器转到冷备用状态，此时母线TV也随之转至冷备用状态。然后，由母线所辖调度机构向现场依次下达母线TV由冷备用转检修、母线由运行转检修的操作指令，或依次下达母线由运行转冷备用、母线及TV由冷备用转检修的操作指令。

224．线路停电时，若开关无线路侧刀闸，应注意什么？

一般线路停电时，须在开关线路侧刀闸的线路一侧悬挂地线，并在该刀闸操作把手上悬挂工作牌，若无线路侧刀闸，则须在开关的线路一侧悬挂地线，且该开关的所有母线侧刀闸上均须悬挂工作牌。

225. 哪些情况下开关需要检同期操作？

（1）对于双回线并网的发电厂或有电源接入的变电站，送电时应注意检同期。

（2）不同供电分区间合环操作时，应注意检同期。

（3）弱电气联系的电网间互联时，应注意检同期。

（4）双母线接线变电站，两条母线通过母联（分段）开关合环时，应注意检同期。

226. 线路停电前方式调整原则是什么？

（1）提前调整变电站母线上的间隔数目均衡。

（2）调整电网方式，避免运行设备过载风险。

（3）备用设备转运行，提升电网结构强度。

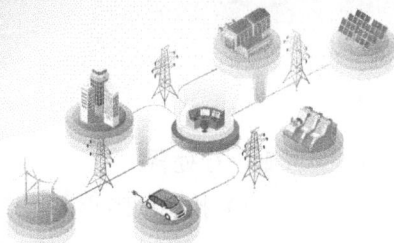

第五章　电网故障及异常处置

227. 电网事故处理的一般原则是什么？

（1）迅速限制故障发展，消除故障根源，解除对人身、电网和设备安全的威胁。

（2）调整并恢复正常的电网运行方式，电网解列后要尽快恢复并列运行。

（3）尽可能保持正常设备的运行和对重要用户及厂用电、站用电的正常供电。

（4）尽快恢复对已停电用户和设备的供电。

228. 电网故障协同处置指的是什么？

（1）调控机构负责处置直调范围电网故障，故障处置期间下级调控机构应服从上级调控机构的统一指挥。

（2）直调范围内电网发生故障，调控机构应按要求立即进行故障处置；当影响其他电网运行时，应及时通报相关调控机构，需上级或同级调控机构配合时，应由上级调控机构协调处理。

（3）跨区、跨省重要送电通道故障后，国调、分中心指挥相关省调通过调整机组出力、控制联络线功率等措施，将相关断面潮流控制在稳定限额之内，必要时采取控制受端电网负荷等措施，控制电网频率、电压满足相关要求。

（4）各级调度机构应建立电网运行信息共享机制，及时通报故障告警信息及处置措施，提高故障处置协同水平。

229. 母线故障处置的原则有哪些？

（1）母线发生故障或失压后，集控中心运行值班人员、厂站运行值班人员及输变电设备运维人员应立即报告值班调度员，同时将故障或失压母线上的开关全部断开。

（2）母线故障停电后，厂站运行值班人员及输变电设备运维人员应立即对停电母线进行外部检查，并将检查情况汇报值班调度员，调度员应按以下原则进行处置：

　　1）找到故障点并能迅速隔离的，在隔离故障后对停电母线恢复送电。

　　2）找到故障点但不能隔离的，将该母线转为检修。

　　3）经检查不能找到故障点的，一般不得对停电母线试送。

　　4）对停电母线进行试送时，应优先采用外来电源。试送开关必须完好，并有完备的继电保护。有条件者可对故障母线进行零起升压。

230．变压器及高压并联电抗器故障处置有哪些原则？

　　（1）变压器、高压并联电抗器的重瓦斯保护或差动保护之一动作跳闸时，一般不进行试送。经检查确认内、外部无故障的，可试送一次，有条件时应进行零起升压。

　　（2）变压器、高压并联电抗器后备保护动作跳闸时，应确定本体及引线无故障后，可试送一次。

　　（3）中性点接地的变压器故障跳闸后，值班调度员应按规定调整其他运行变压器的中性点接地方式。

231．变压器出现哪些情况时应立即停电处理？

　　（1）内部声响很大、很不均匀，有爆裂声。

　　（2）在正常负荷和冷却条件下，变压器温度不正常且不断上升。

　　（3）储油柜或防爆管喷油。

　　（4）漏油致使油面下降，低于油位指示计的指示限度。

　　（5）油色变化过甚、油内出现碳质等。

　　（6）套管有严重的破损和放电现象。

　　（7）其他现场规程规定者。

232．线路故障处置的原则有哪些？

　　（1）线路故障跳闸后，集控中心、厂站运行值班人员及输变电设备运维人员应立即收集故障相关信息并汇报值班调度员，由值班调度员综合考虑跳闸线路的有关设备信息并确定是否试送。若有明显的故障现象或特征，应查明原因后再考虑是否试送。

　　（2）试送前，值班调度员应与集控中心、厂站运行值班人员及输变电设备运维人员确认具备试送条件。具备远方试送操作条件的，应进行远方试送。

　　（3）线路试送前应考虑以下事项：

1）正确选择试送端，使电网稳定，不致遭到破坏。试送前，要检查确认重要线路的输送功率在规定限额内，必要时应降低有关线路的输送功率或采取提高电网稳定性的措施。

2）对试送端电压进行控制，对试送后首、末端及沿线电压做好估算，避免引起过电压。

3）线路试送开关必须完好，且具有完备的继电保护。

（4）线路故障跳闸后，一般允许试送一次。如试送不成功，再次试送线路应依据相关规定处理。电缆线路故障，未查明原因前不得试送。

（5）线路故障跳闸后，若开关的故障切除次数已达到规定次数，则厂站运行值班人员或输变电设备运维人员应根据规定向相关调控机构提出运行建议。

（6）线路保护和高压并联电抗器保护同时动作跳闸时，应按线路和高压并联电抗器同时故障考虑，在未查明高压并联电抗器保护动作原因和消除故障之前不得进行试送。线路允许不带高压并联电抗器运行时，如需对故障线路送电，在试送前应将高压并联电抗器退出。

（7）有带电作业的线路故障跳闸后，试送电的规定如下。

1）值班调度员应与相关单位确认线路具备试送条件后，方可按上述有关规定进行试送。

2）带电作业的线路跳闸后，现场人员应视设备仍然带电并尽快联系值班调度员，值班调度员未与工作负责人取得联系前不得试送线路。

3）线路故障跳闸后，值班调度员下达巡线指令时，应明确是否为带电巡线。

233. 线路故障跳闸后选择试送端的原则有哪些？

（1）尽量避免用发电厂或重要变电站侧开关试送，若跳闸线路所在母线接有单机容量为20万kW及以上大型机组，则不允许从该侧强送。

（2）试送侧远离故障点。

（3）试送侧短路容量较小。

（4）开关切断故障电流的次数少或遮断容量大。

（5）有利于电网稳定。

（6）有利于事故处理和恢复正常方式。

234. 重合闸退出的含电缆线路故障处置有哪些要求？

（1）全电缆线路故障跳闸后，未经检查不得试送。

（2）含电缆线路试送前需核实电缆巡线人员已安全撤离。

（3）电缆架空混合线路故障跳闸后，参照以下原则试送。

1）单条线路故障且未造成变电站（发电厂）全停、单电源供电及电网 $N-1$ 超限时，如电缆段检查巡视无异常或架空段发现故障点且已消除，可以对线路试送电一次。

2）正常天气条件下，如含电缆线路故障造成变电站（发电厂）全停、单电源供电或电网 $N-1$ 超限时，若根据线路两端故障录波器测距或其他故障指示装置判断故障点不在电缆段时，可以不等故障巡视人员报告即对故障线路试送电一次。

3）恶劣天气条件下，当含电缆线路故障造成变电站（发电厂）全停、单电源供电、电网 $N-1$ 超限或多回线路短时内相继故障时，为快速恢复电网结构，避免大面积停电事故发生，基于恶劣天气造成的故障多位于架空区段的初步判断，可不待检查故障测距即对线路试送电一次。

235. 如何判断站内设备具备线路远方试送操作条件？

（1）线路主保护正确动作，信息清晰完整，且无母线差动、开关失灵等保护动作。

（2）对于带高压并联电抗器、串联补偿运行的线路，高压并联电抗器、串联补偿保护未动作，且没有未复归的反应高压并联电抗器、串联补偿装置故障的告警信息。

（3）具备工业视频条件的，通过工业视频未发现故障线路间隔设备有明显漏油、冒烟、放电等现象。

（4）没有未复归的影响故障线路间隔一、二次设备正常运行的异常告警信息。

（5）集中监控功能（系统）不存在影响故障线路间隔远方操作的缺陷或异常信息。

236. 哪些情况下不允许对线路进行远方试送？

（1）站内设备不具备远方试送操作条件。

（2）由于严重自然灾害、外力破坏等导致出现断线、倒塔、异物搭接等明显故障点，线路不具备恢复送电条件。

（3）故障可能发生在电缆段范围内。

（4）故障可能发生在站内。

（5）线路有带电作业且未经相关工作人员确认具备送电条件。

（6）相关规程规定明确要求不得试送的情况。

237. 线路故障掉闸后试送令的格式是什么？

线路故障掉闸后注意选择合适的试送端，试送令格式为：用××站××线××开关对××线试送电一次。

238. 开关出现哪些异常后应停电处理？

（1）开关控制回路断线。

（2）开关引线线夹板测温超过130℃或相对温差超过95%。

（3）开关内部出现明显异常声响。

（4）开关套管开裂，伴有电晕声。

（5）油泵持续打压，压力持续降低。

（6）弹簧操动机构出现裂纹，无法坚持运行。

（7）GIS设备防爆膜变形或损坏。

（8）绝缘拉杆松脱、开裂。

239. 开关在运行中出现闭锁分合闸时应采取什么措施？

开关在运行中因本体或操动机构异常出现闭锁分合闸时，应尽快将闭锁开关从运行中隔离出来，可以根据以下不同情况采取措施。

（1）开关出现"合闸闭锁"尚未出现"分闸闭锁"时，可根据情况下令拉开此开关。

（2）开关出现"分闸闭锁"时，应停用开关的操作电源，并按现场规程进行处理，如为3/2或4/3接线方式，可远方操作刀闸拉开本站组成的母线环流（刀闸拉母线环流要经过试验并有明确规定），解环前确认环内所有开关在合闸位置。

异常开关所带元件（线路、变压器等）有条件停电时，首先考虑将闭锁开关停电隔离后，再无压拉开闭锁开关两侧刀闸处理。双母线方式时，对侧先拉开线路（变压器另一侧）开关后，本侧将其他元件倒到另一条母线，用母联开关与异常开关串联，再用母联开关拉开空载线路（变压器），将异常开关停电，最后拉开异常开关的两侧刀闸。

240. 开关出现非全相运行应该如何处理？

开关操作时或运行中发生非全相运行时，集控中心值班员、厂站运行值班人员及输变电设备运维人员应立即拉开该开关，并立即汇报值班调度员。若开关确认无法拉开，参考处置方案如下。

（1）双母线接线出线开关非全相运行。

1）拉开该出线对侧开关，缓解三相不一致对系统的危害。

2）采用母联开关串带的方式将非全相开关隔离。

（2）3/2接线开关非全相运行。

1）刀闸经试验允许和批准，具备拉母线环流能力时，可按规定拉开该开关的两侧刀闸。

2）刀闸不具备拉母线环流能力时，停运该开关涉及设备后，拉开开关两侧刀闸。

（3）双母线接线母联开关非全相运行。

1）综合考虑母线停电后的电网运行风险后，快速拉开其中一条母线上除母联开关外的所有开关。

2）利用母联开关刀闸拉开空充母线的方式隔离母联开关。

241. 刀闸在运行中出现异常应该如何处理？

（1）当刀闸过热时，应设法减少负荷。

（2）刀闸发热严重时，应以适当的开关，利用倒母线或以备用开关倒旁路母线等方式转移负荷，使其退出运行。

（3）当停用发热刀闸，可能引起停电并造成较大损失时，应尽可能带电作业进行抢修。

（4）刀闸绝缘子外伤严重、绝缘子掉盖、对地击穿、绝缘子爆炸、刀口熔焊等，应按现场规定采取停电或带电作业处理。

242. TV异常对保护装置的影响有哪些？

（1）双母线接线的母线TV或3/2接线的线路TV异常、故障时，线路的距离保护、过电流保护可能会误动（距离保护一般情况下装有TV断线闭锁装置）。

（2）发电机出口TV异常、故障时，可能导致失磁保护误动。

（3）双母线接线的母线TV异常、故障时，母线保护失去复压闭锁功能。

（4）500kV、部分220kV主变压器高压侧TV以及部分220kV主变压器（主变压器高压侧无TV）高压侧母线TV异常、故障时，主变压器保护失去复压闭锁功能。

（5）500kV及以上线路TV断线时，可能导致过电压及远跳保护拒动。

243. 母线TV异常应如何处置？

根据TV异常现象及对保护装置产生的影响，确定TV异常处置过程中需转何种状态，进行对应的一、二次方式调整。

（1）二次方式调整。根据继电保护和自动装置的有关规定，退出相关保护及自动装置，防止误动，电压闭锁异常开放的，等候处理期间，母线保护可不退出运行；TV异常导致变压器某侧二次失去电压或电压异常的，退出变压器保护该侧的电压。

（2）一次方式调整。

1）3/2接线方式的500kV母线TV。500kV母线TV若为单相配置，直接与母线相连，TV发生异常、故障，无法坚持运行，则需将TV所在母线停运处理。

2）3/2接线方式的220kV母线TV。若TV通过刀闸连接于220kV母线，可通过直接拉开刀闸隔离，则拉开TV刀闸，同时退出主变压器高压侧的电压；无法通过直接拉开刀闸隔离时，需将对应母线停运处理。若TV位于主变压器高压侧开关与刀闸之间，可通过直接拉开刀闸隔离，则拉开TV刀闸，同时退出主变压器高压侧的电压；无法通过直接拉开刀闸隔离时，需将对应主变压器高压侧停运处理。

3）双母线接线方式的220kV母线TV。TV异常可直接通过拉开刀闸隔离时，刀闸跨接母线后，应进行TV二次并列，然后将异常母线TV转检修处理（应注意断开停运电压互感器的二次小开关，防止反送电）。

TV刀闸无法直接拉开或电压并列存在风险时，应将所在母线配合停运。

若TV二次回路电压降低，在未查明二次回路异常原因前，不宜采用TV二次并列，宜采取分间隔断分路电压二次回路的方法，查找绝缘降低点。

244. 系统发生异步振荡时会出现哪些现象？

（1）发电机、变压器和线路的电压、电流、有功、无功周期性地剧烈变化，发电机、变压器和电动机发出周期性的轰鸣声。

（2）发电机发出有节奏的鸣响，且与有功、无功变化合拍，电压波动大，电灯忽明忽暗。

（3）失去同步的发电厂或局部电网与主网之间联络线的输送功率往复摆动。

（4）失去同步的两个电网（电厂）之间出现明显的频率差异，送端电网频率升高、受端频率降低，且略有波动。

245. 系统发生异步振荡应该如何处理？

（1）增加发电机、调相机、静补装置等的无功出力，并发挥其过载能力，尽量提高电压。

（2）运行中的电厂退出机组AGC、AVC。

（3）未得到调度员允许，电厂不得将发电机解列（现场规程有规定者除外）；若由于大机组失磁而引起电网振荡，则可以立即将失磁机组解列。

（4）因环状电网或并列运行双回路的操作或误跳而引起电网振荡，应立即合上解环或误跳的开关。

（5）采取措施后振荡仍未消除时，应迅速按规定的解列点解列，防止事故扩大，待电网恢复稳定后，再进行并列。

（6）电网发生稳定破坏，又无法确定合适的解列点时，只能采取适当措施，使之再同步，防止电网瓦解并尽量减少负荷损失。其主要办法如下：

1）频率升高的发电厂，应立即自行降低机组有功出力，使频率下降，直至振荡消失，但不得使频率低于49.50Hz，同时应保证厂用电的正常供电。

2）频率降低的发电厂，应立即增加机组有功出力至最大值或启动备用水轮机组，直至恢复电网频率到49.50Hz以上，使振荡消除。

3）各级调度应在频率降低侧（受端）迅速按超计划用电和事故限电序位表进行紧急负荷控制，使频率升高，直至振荡消除。

246. 系统发生同步振荡时会出现哪些现象？

（1）发电机和线路电流表、功率表周期性变化，但变化范围较小，发电机鸣声较小，发电机有功不过零。

（2）发电机机端和电网电压波动较小，无局部明显降低。

（3）发电机及电网频率变化不大，全网频率同步降低或升高。

247. 系统发生同步振荡应该如何处理？

（1）厂站值班员在发现电网发生同步功率振荡时，应立即向调度汇报；调度员在发现电网发生同步振荡时，应立即通知相关厂站，加强监控。

（2）运行中的电厂退出机组AGC、AVC，适当增加机组无功出力。

（3）电厂应立即检查机组调速器、励磁调节器等设备，查找振荡源，若发电机调速系统故障或励磁调节器故障，应立即减少机组有功出力，并消除设备故障。如一时无法消除故障，经调度同意，可以解列该发电机组。

（4）调度员应根据电网情况，提高送、受端电压，适当降低送端发电出力，增加受端发电出力，限制受端负荷。

248. 系统解列时解列点的选择应遵循什么原则？

当电力系统发生稳定破坏，如系统振荡时，能有计划地将系统迅速而合理地解列为功率尽可能平衡而各自保持同步运行的两个或几个部分，这个过程称为系统解列。系统解列可以防止系统长时间不能拉入同步或导致系统瓦解扩大事故。选择解列点时，应尽可能保持解列后各部分系统的功率平衡，以防止频率、电压的急剧变化；还应适当考虑操作方便，易于恢复，有较好的远动通信条件。

249. 低频解列装置一般装设在系统中的哪些地点？

（1）系统间的联络线。
（2）地区系统中从主系统受电的终端变电站母联开关。
（3）地区电厂的高压侧母联开关。
（4）划作系统事故紧急启动电源专带厂用电的发电机组母联开关。

250. 二次设备异常处置的原则有哪些？

（1）继电保护和安全自动装置的异常（或缺陷），应在装置退出运行后及时处理。
（2）保护通道发生故障导致保护功能失去无法恢复正常时，应退出该套保护，待通道恢复正常后再投入。
（3）线路纵联保护一侧装置异常退出时，对侧对应的线路保护装置也应退出。
（4）按开关配置的开关失灵保护异常退出运行时，该开关应停运。
（5）查找厂、站直流系统接地异常，需拉、合保护直流电源时，应将本站该路直流电源所涉及的所有保护退出运行。
（6）AVC系统异常，不能正常控制变电站无功电压设备时，集控中心、厂站运行值班人员及输变电设备运维人员应汇报相关调控机构，退出相关变电站AVC系统控制装置，并通知运维单位进行处理。退出AVC系统控制期间，集控中心运行值班人员、厂站运行值班人员及输变电设备运维人员应按照电压曲线及控制范围调整母线电压。
（7）AGC机组发生异常或AGC功能不能正常运行时，电厂值班人员可以停用AGC设备，将机组切至"就地控制"，并汇报调度。异常处理完毕后，应立即向调度汇报，并由调度下令恢复AGC运行。

251. 调度自动化系统主要功能失效处置的原则有哪些？

（1）通知所有直调电厂AGC改为就地控制方式，保持机组出力不变。

（2）通知所有直调厂站加强监视设备状态及线路潮流，发生异常情况及时汇报。

（3）通知相关调控机构自动化系统异常情况，各调控机构应按计划严格控制联络线潮流在稳定限额内。

（4）调度自动化系统全停期间，除电网异常故障处理外，原则上不进行电网操作、设备试验。

（5）根据相关规定要求，必要时启用备调。

252. 直流接地处置的原则有哪些？

（1）直流接地发生后，现场应立即停止有可能引起直流接地的工作。

（2）现场处置期间不得造成直流短路和另一点接地。

（3）按以下原则查找接地点。

1）先检查由直流系统绝缘监测装置查询到的故障支路。

2）若无直流系统绝缘监测装置或发现装置提供的判断有误，则经值班调度员同意后逐一拉路检查。

3）按照先室外后室内、先照明与信号回路后控制与保护回路、先次要后主要的顺序进行拉路查找。

253. 现场运行人员可不待调度指令自行处理然后报告的事故有哪些？

为防止事故扩大，厂站值班员可以不待调度指令自行进行以下紧急操作，但事后应立即向调度汇报。

（1）对人身和设备安全有威胁的设备停电。

（2）将故障停运已损坏的设备隔离。

（3）当厂（站）用电部分或全部停电时，恢复其电源。

（4）现场规程规定的可以不待调度指令自行处理的情形。

254. 线路典型故障的特征分别有哪些？

（1）单相瞬时接地故障：单相电流突增，单相电压下降，有零序电流，重合成功（重合闸投入线路），如图5-1所示。

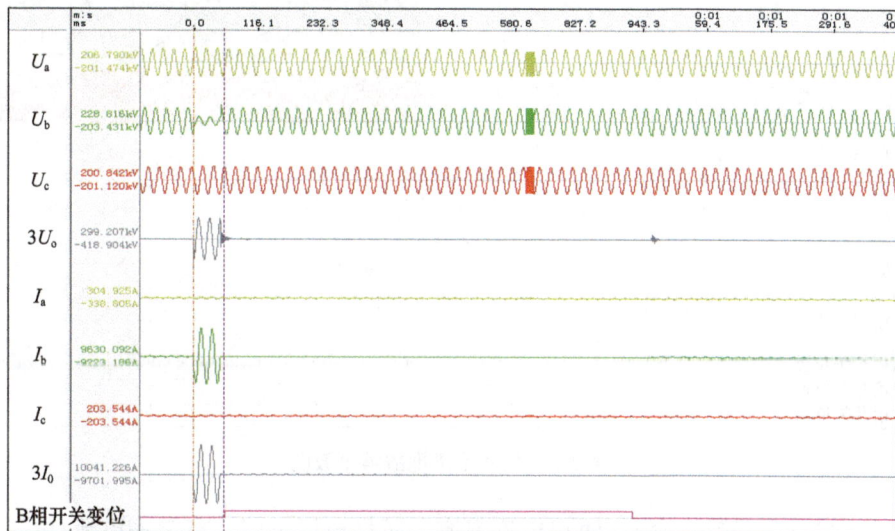

图 5-1 单相瞬时接地故障录波图

（2）单相永久接地故障：单相电流突增，单相电压下降，有零序电流，开关重合，重合失败三相跳闸，如图5-2所示。

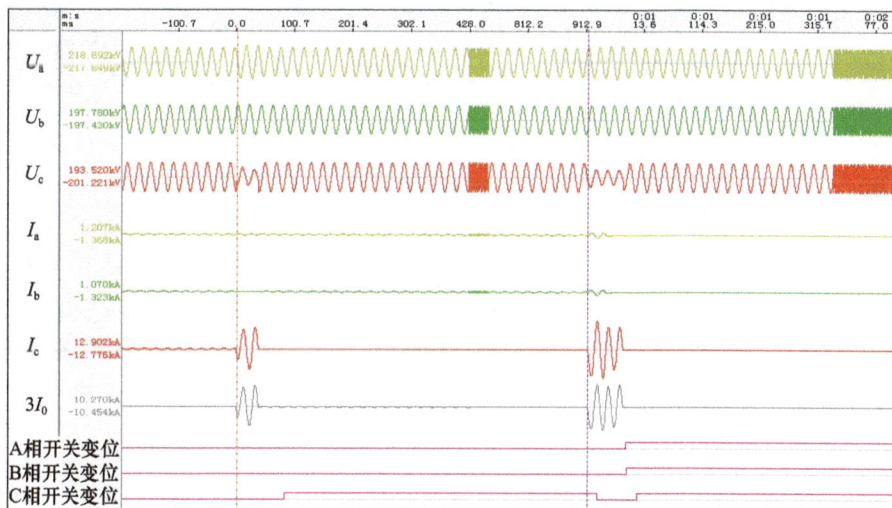

图 5-2 单相永久接地故障录波图

（3）相间不接地故障：两相电流突增，两相电压下降，无零序电流，三相跳闸，如图5-3所示。

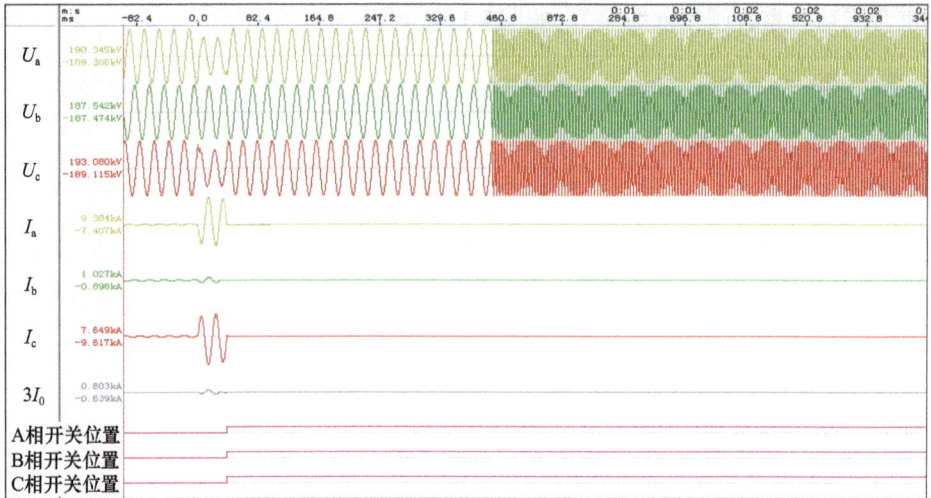

图 5-3 相间不接地故障录波图

（4）相间接地故障：两相电流突增，两相电压下降，有零序电流/电压，三相跳闸，如图5-4所示。

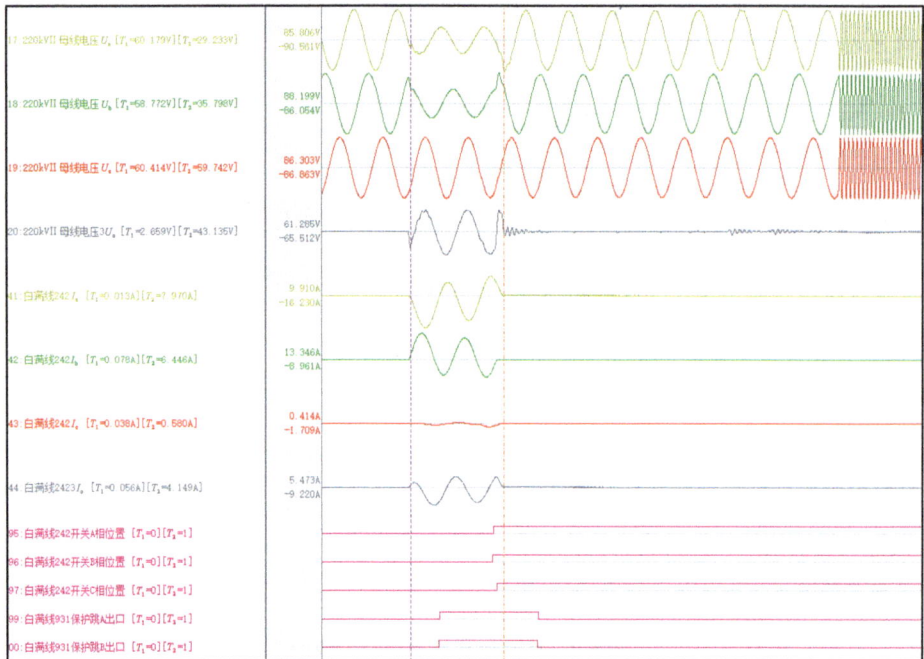

图 5-4 相间接地故障录波图

（5）三相接地故障：三相电流突增，三相电压下降，无零序电流，三相跳闸，如图5-5所示。

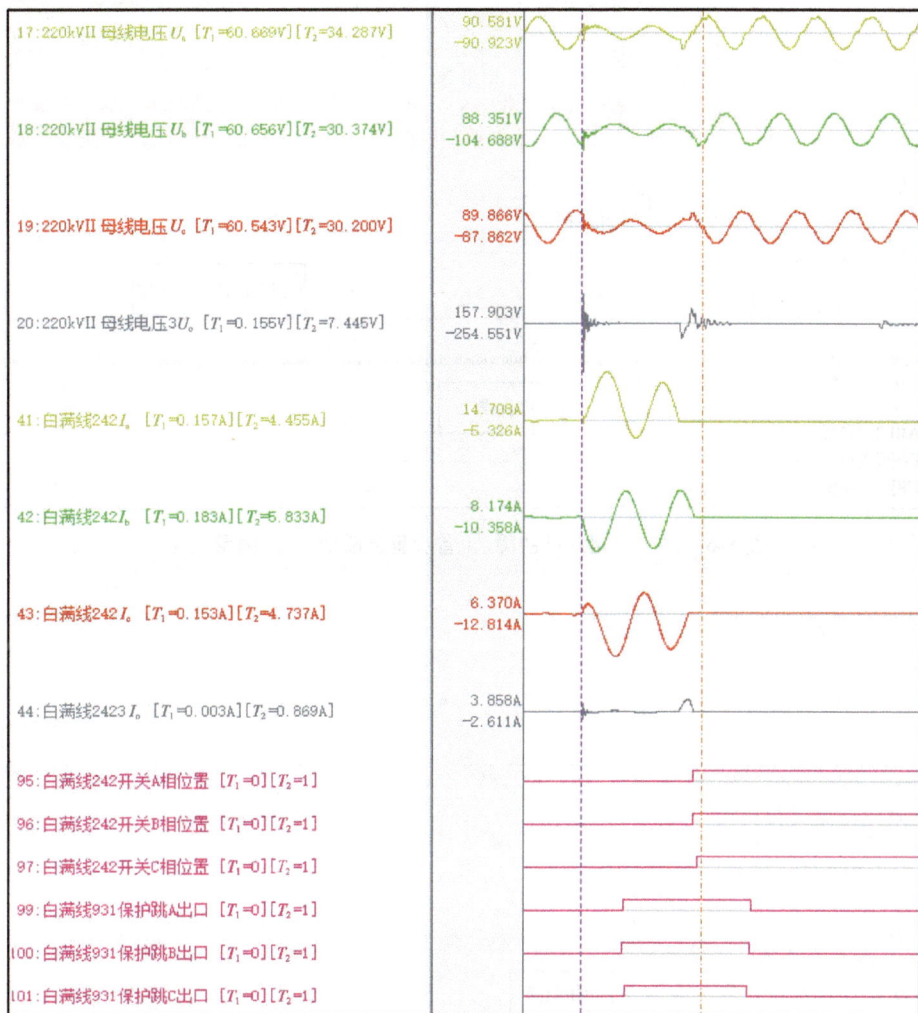

17:220kVⅡ 母线电压 U_a [T_1=60.889V][T_2=34.287V]	90.581V / −90.923V
18:220kVⅡ 母线电压 U_b [T_1=60.656V][T_2=30.374V]	88.351V / −104.688V
19:220kVⅡ 母线电压 U_c [T_1=60.543V][T_2=30.200V]	89.866V / −67.862V
20:220kVⅡ 母线电压 $3U_0$ [T_1=0.155V][T_2=7.445V]	157.903V / −254.551V
41:白满线242I_a [T_1=0.157A][T_2=4.455A]	14.708A / −5.326A
42:白满线242I_b [T_1=0.183A][T_2=5.833A]	8.174A / −10.358A
43:白满线242I_c [T_1=0.153A][T_2=4.737A]	6.370A / −12.814A
44:白满线2423I_0 [T_1=0.003A][T_2=0.869A]	3.858A / −2.611A
95:白满线242开关A相位置 [T_1=0][T_2=1]	
96:白满线242开关B相位置 [T_1=0][T_2=1]	
97:白满线242开关C相位置 [T_1=0][T_2=1]	
99:白满线931保护跳A出口 [T_1=0][T_2=1]	
100:白满线931保护跳B出口 [T_1=0][T_2=1]	
101:白满线931保护跳C出口 [T_1=0][T_2=1]	

图 5-5 三相接地故障录波图

（6）同一线路连续故障（首次重合成功）：第一次单相接地，重合成功；第二次单相再次接地，重合闸未充满电，三相跳闸不重合，如图5-6所示。

（7）同一线路连续故障（首次未重合）：第一次某相接地，单相跳闸；第二次某相再次接地（未到开关重合时间），三相跳闸不重合，如图5-7所示。

（8）断线故障：若线路开断点一侧接地、一侧未接地，则某相一侧有故障电流，另一侧无故障电流；未接地侧某瞬间非故障相可能出现电流波动，如图5-8所示。

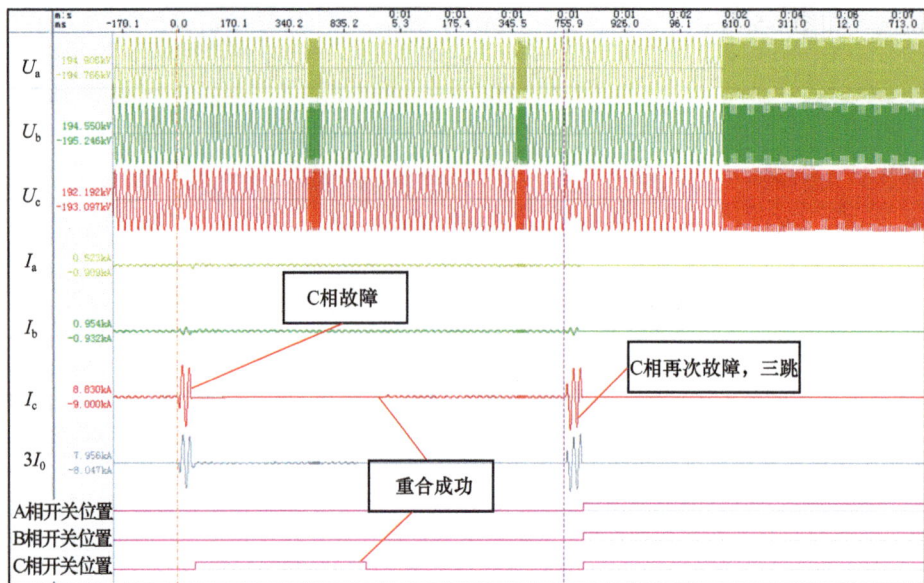

图 5-6　同一线路连续故障（首次重合成功）故障录波图

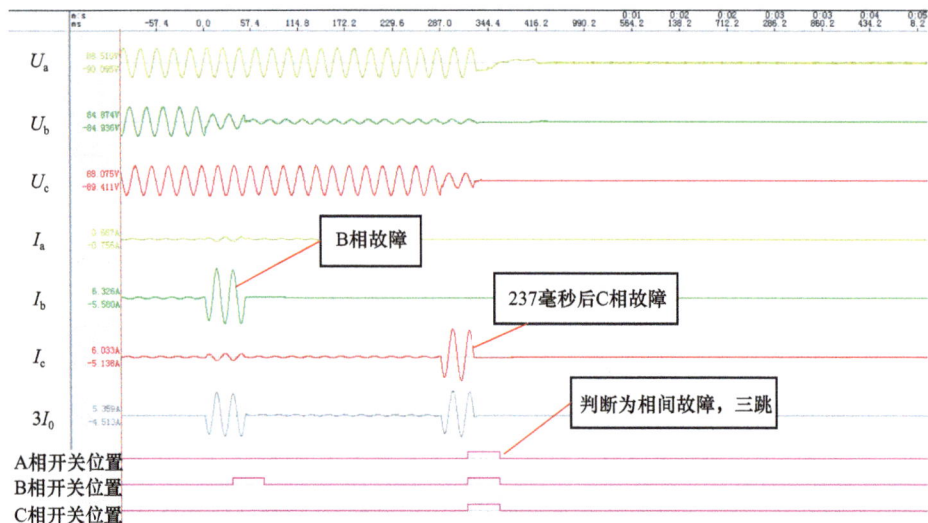

图 5-7　同一线路连续故障（首次未重合）故障录波图

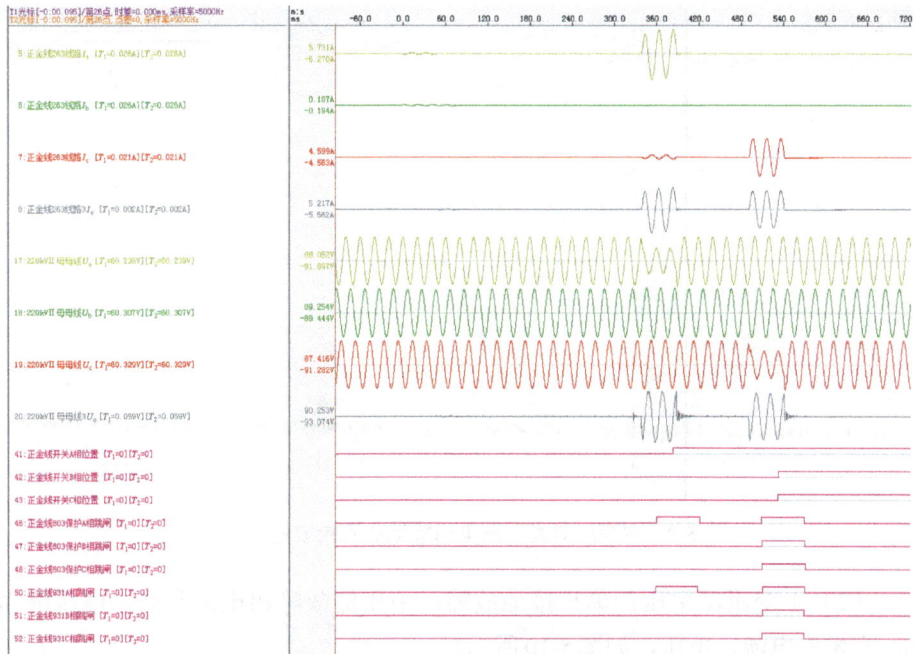

图 5-8　断线故障录波图

255. 主变压器典型故障的特征分别有哪些?

（1）主变压器高压侧单相接地故障：高压侧故障相电流升高，电压降为0，有零序电流、电压，如图5-9所示。

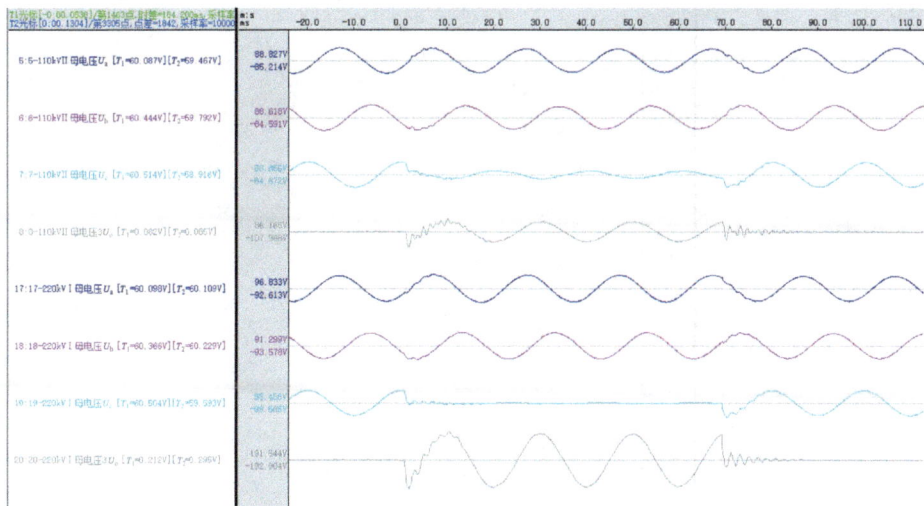

图 5-9　主变压器高压侧单相接地故障录波图 （一）

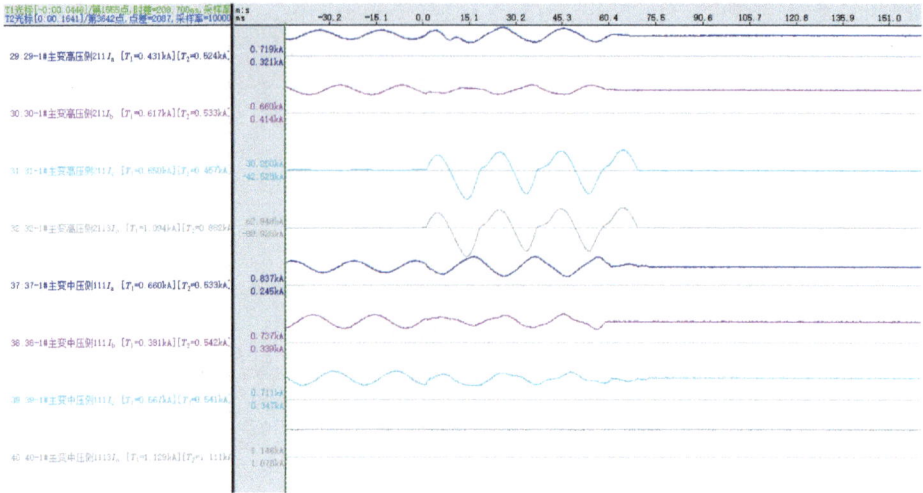

图 5-9 主变压器高压侧单相接地故障录波图 （二）

（2）主变压器中压侧单相接地故障：中压侧故障相电流升高，电压降为0，有零序电流、电压，如图5-10所示。

（3）主变压器低压侧单相故障发展为相间或三相故障：故障前期低压侧故障相电压降低，另两相电压升高，无故障电流，持续一段时间后，转为相间或三相故障；相间故障阶段，故障两相电压降低，出现故障电流，某相故障电流为另两相故障电流之和，且反向；三相短路阶段，三相电压均降低，故障电流三相对称，如图5-11所示。

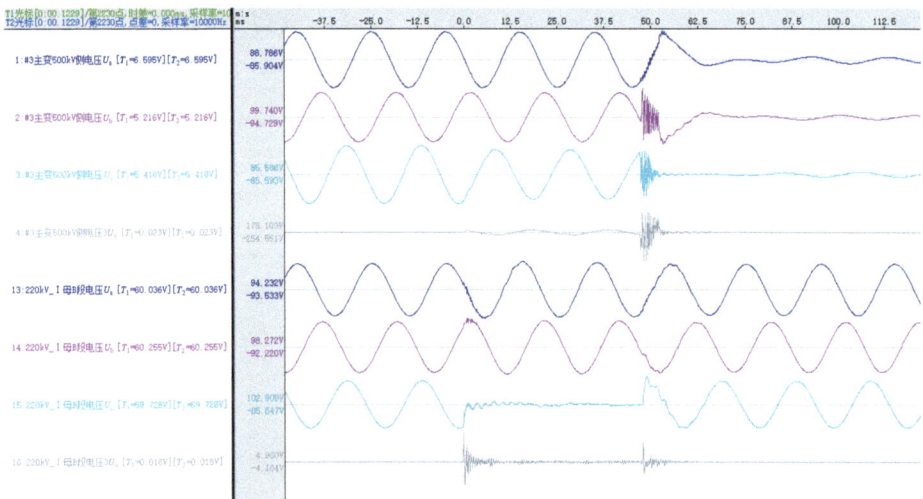

图 5-10 主变压器中压侧单相接地故障录波图 （一）

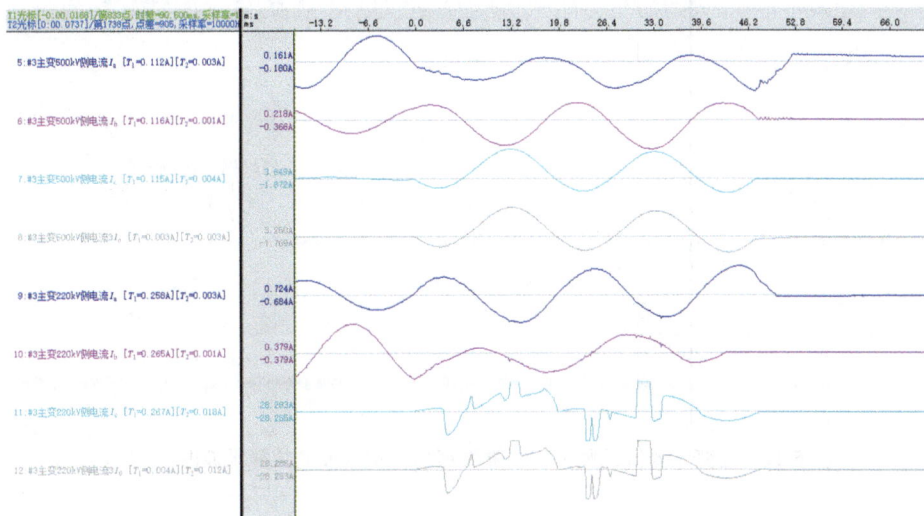

图 5-10　主变压器中压侧单相接地故障录波图（二）

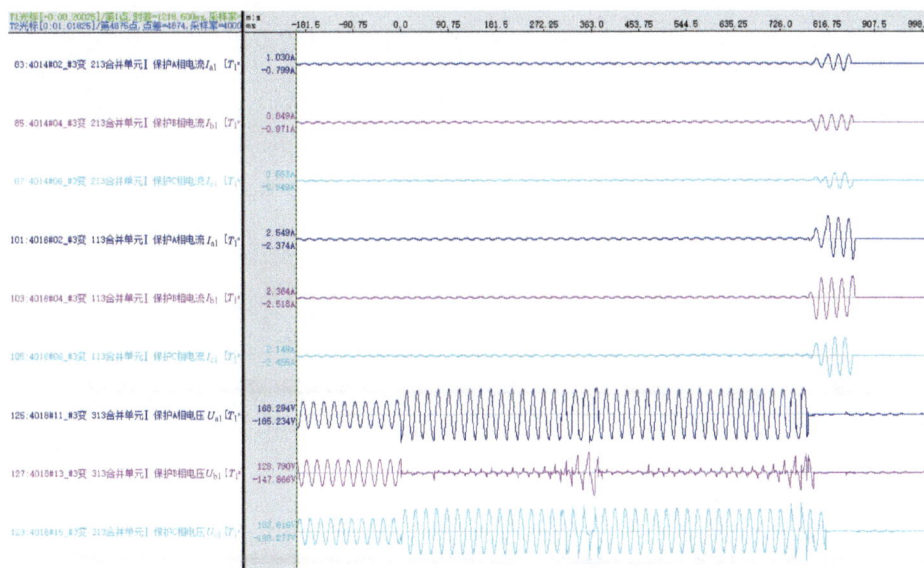

图 5-11　主变压器低压侧单相故障发展为三相故障的故障录波图（一）

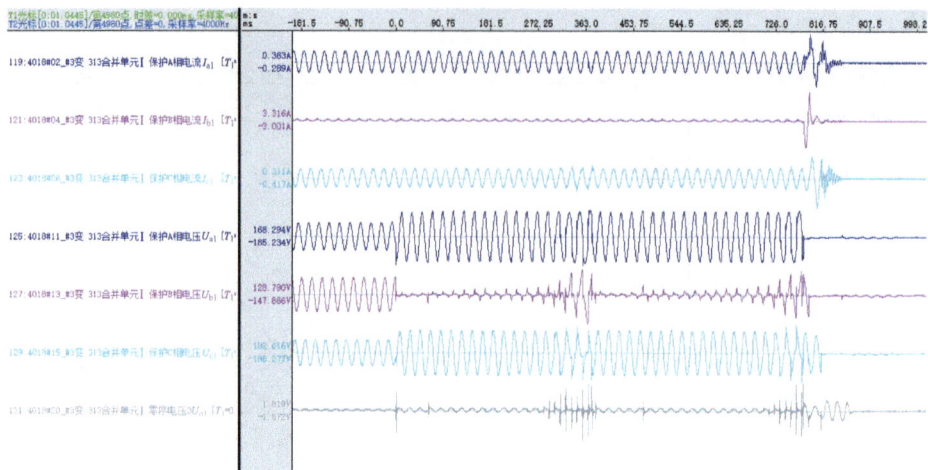

图 5-11　主变压器低压侧单相故障发展为三相故障的故障录波图 （二）

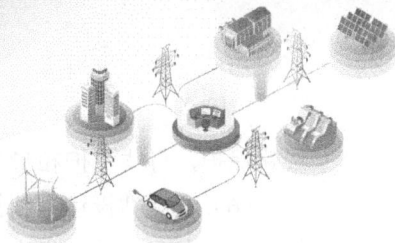

第六章　电网新设备投运

一、新设备投运管理规定

256. 新设备启动前必须具备哪些条件？

（1）设备验收工作已结束，质量符合安全运行要求，有关运行单位已向调控机构提出新设备投运申请。

（2）所需资料已齐全，参数测量工作已结束，并以书面形式提供给有关单位（如需要在启动过程中测量参数，则应在投运申请书中说明）。

（3）生产准备工作已就绪（包括运行人员的培训、调管范围的划分、设备命名、现场规程和制度等均已完备）。

（4）监控（监测）信息已按规定接入。

（5）调度通信、自动化系统、继电保护、安全自动装置等二次系统已准备就绪，计量点明确，计量系统准备就绪。

（6）启动试验方案和相应调度方案已批准。

257. 新设备投运的要求有哪些？

设备首次带电应进行冲击合闸，冲击次数和试运时间按有关规定或启动措施执行。一般情况下，新投线路需冲击合闸三次；电缆线路冲击合闸一次；主变压器需冲击合闸五次。明确原有设备、新投设备，并与送电要求相对应。

（1）出线TA更换：线路保护相量检查、母线保护相量检查、TA充电。

（2）母联开关TA更换：断路器保护相量检查、母线保护相量检查、TA充电。

（3）母联开关及TA更换：断路器保护相量检查、母线保护相量检查、开关、TA充电。

（4）开关更换后投运：开关充电。

（5）线路投运：线路冲击合闸一次/三次，线路TV、母线TV二次定相，线路保护，母线保护相量检查。

（6）变电站投运：新投线路冲击合闸三次、线路TV二次定相（新投站对侧）、母线TV二次定相（新投站侧）、母线保护（新投线路间隔）、新投线路保护相量检查。

新设备并入电网运行的过程中，相关继电保护的临时定值、临时运行方式均应在新设备投运措施中予以明确。新设备投运过程中，包括进行相量检查时，未进行相量检查的保护和未正式带电的新开关，不作为可靠保护和可靠开关运行，应在各电源侧配置始终有效的临时保护和后备开关，以保证新设备的安全和电网运行的安全。仅更换开关或保护设备的，未变动设备作为可靠和有效设备运行，可以不采取相应的临时措施。确实无临时保护和后备开关时，应指出新设备故障时的后果及影响。

应尽量缩短新设备投运进程，尤其是各种临时方式、特殊方式运行的时间。

不宜采用临时改变二次回路（包括电流、电压及出口跳闸回路等）的方式来获取保护性能、功能的改变。无论临时保护，还是运行设备的保护，二次回路临时变更后，均应在转入正常运行方式后，检查确认二次回路的正确性。

258. 什么情况下应进行相量检查？

（1）保护新投。

（2）电压、电流互感器更换。

（3）电压、电流二次回路接线变动。

（4）合并单元升级更换。

（5）SV接线变动。

（6）合并单元参数配置变动涉及交流采样变动。

（7）其他影响保护交流采样回路正确性的工作。

259. 制订相量检查方案应注意什么？

（1）负荷电流一般大于电流互感器额定电流的10%，以保证保护装置、试验仪器能有稳定明确的指示。

（2）相量检查应全面，包括各类保护装置及其辅助设备、二次回路。

（3）进行相量检查时，除可能引起保护误动的方式（如改变二次回路接线，一次采用特殊方式等）外，保护可以不退出。

（4）因相量错误，保护动作可能损失负荷时，保护应退出。

260．模拟相量检查应注意什么？

投产前，通过试验设备向一次设备中加入确定的试验电压量和电流量，进行继电保护相量检查模拟试验，模拟检查结论明确、结果正确的，视为有效保护，投运过程中可以不再设置临时保护。但应在新设备并入电网运行后，利用工作电压和负荷电流复查保护的相量正确。并注意以下事项。

（1）模拟相量检查试验涉及运行的一、二次设备时，应按规定履行调度工作手续，并采取技术措施隔离试验设备与运行设备，保证运行的系统和设备不受试验影响。

（2）模拟相量检查应在下列条件具备后进行：①新建线路施工完毕；②变电站内一、二次设备安装调试完成；③线路和变电站间隔转冷备用。

（3）模拟相量检查后的继电保护装置及其辅助装置、二次回路，不得再进行任何作业。

261．新线路投运应注意什么？

（1）线路充电时，新线路两侧的保护（含重合闸）按正常方式投入运行。

（2）线路分相充电时，没有电流闭锁的非全相保护应退出。

（3）线路充电时，对双母线、单母线接线的，可利用母联（分段）开关及其充电过电流保护来完成后备任务；对3/2接线的，可利用其他原有开关及其充电过电流保护或短引线保护来完成后备任务。相量检查时仍投入的充电过电流保护应能可靠躲过负荷电流。

（4）充电侧为双母线接线的变电站，在由母联开关串带被充线路开关方式下，母线保护不投互联方式。

（5）投运过程中，除另有设定外，本站及相邻站其他设备保护均应在正常运行状态，失灵保护应在运行状态。失灵与母差保护共用出口或需要接入失灵保护回路时，适时投退失灵保护。

262．新变压器投运应注意什么？

（1）充电过电流保护需要考虑对变压器各侧引线短路有足够的灵敏度，并考虑躲过励磁涌流。

（2）变压器差动和重瓦斯等保护均应投入跳闸。对于变压器内部故障，还需要更多依赖变压器保护，上述的充电过电流保护不能保证对内部故障的灵敏度。

（3）变压器充电时中性点要接地运行，导致系统接地阻抗的变化，引起系统某些保护的配合关系被破坏，甚至误动或拒动，因此要进行补充计算，确定是否需要修改部分保护的定值，或临时退出某些保护的运行。

（4）仅更换变压器保护新投时，无须进行多次变压器冲击。

263. 母线保护投运应注意什么？

（1）尽量缩短无母线保护的时间。

（2）母线保护刀闸辅助触点开入宜经过实际拉合母线刀闸来验证。要注意无母差保护时，不宜进行母差保护范围内一次刀闸的操作。

（3）母线保护相量检查随各间隔的接入随时进行，各间隔均接入后，再进行整体相量检查。

（4）对母兼旁方式的接线，应进行母联方式和转代方式的相量检查。

264. 双母线或单母线接线，开关及电流互感器投运应注意什么？

（1）双母线或单母线接线，更换进出线开关或电流互感器后，可将开关或电流互感器视为母线设备。采用母联或分段开关充电时，投入母联或分段开关充电过流保护，母线保护不投互联方式。

（2）双母线或单母线接线，更换母联、分段开关或电流互感器后，采用线路、变压器充电，充电侧保护应能快速动作，被充侧母线保护一般退出。

265. 3/2接线，母线侧开关投运应注意什么？

（1）采用某原有母线开关充电，投入原有母线开关的充电过流保护，此母线开关所对应的线路或变压器停运。

（2）采用某原有母线开关充电，投入原有母线开关的充电过流保护。此母线开关所对应的线路或变压器不停运时，被充电范围内包括线路保护电流互感器，该电流互感器回路在充电时不能接入线路保护。

（3）采用本串原有中间开关充电，投入原有中间开关的充电过流保护，此母线开关所对应的线路或变压器应停运。被充侧母线保护电流互感器在被充电范围内时，该电流互感器回路在充电时不能接入母线保护。

（4）采用线路充电时，充电侧线路保护应能快速动作。被充侧母线保护电流互感器在被充电范围内时，该电流互感器回路在充电时不能接入母线保护。

266. 3/2接线，中间开关投运应注意什么？

（1）本串原有线开关充电时，投入原有母线开关的充电过流保护，对应此中间开关的两组线路、变压器停运。

（2）本串原有母线开关充电时，投入原有母线开关的充电过流保护，对应此母线开关与中间开关的线路或变压器停运。中间开关对应的另一设备运行，运行设备保护的中间开关电流互感器回路在充电时不能接入。

二、新设备投运执行规范

267. 设备投运前应重点核对哪些信息？

（1）核对设备为冷备用状态。

（2）核实新投线路已完成参数测试。

（3）核实相关保护装置，故障录波器定值正确，并按要求投入。

（4）核实保护模拟相量检查情况，一般模拟相量检查后方可视为可靠保护。

（5）核实母差二次回路接入情况。

（6）投运前确认调度自动化系统具备投运条件。

268. 线路TV核相有何要求？

线路首次充电应进行相序核对（核相），再用母线TV进行二次定相；新接TV应先用同一电源核对TV接线正确性，再用不同电源核对相位，如图6-1

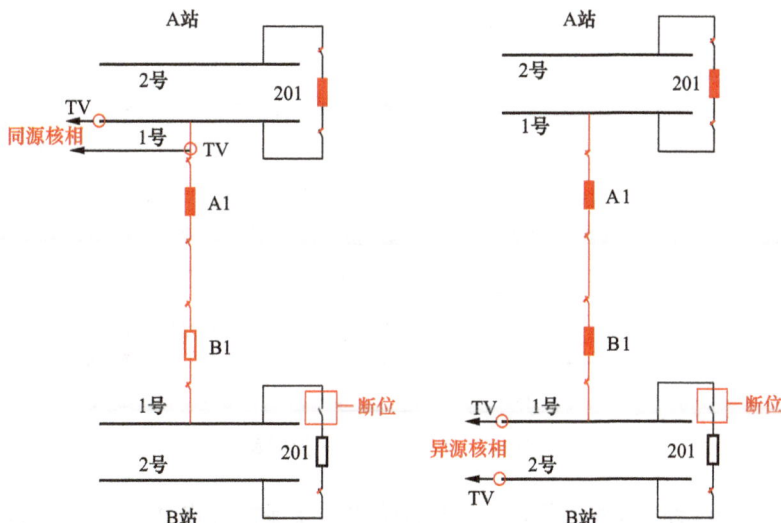

图 6-1　线路 TV 核相及二次定相过程

所示。因此，TV核相分为同源核相（线路TV与所在母线TV核相）和异源核相（如被充侧1号母线与2号母线TV核相），实现线路接线正确的双确认。

若线路某侧站内为原设备，不需进行线路TV核相，则只需从对侧充电后进行220kV 1、220kV 2号母线TV二次定相。为保证运行系统安全，投运设备要与运行系统可靠隔离，核相前需断开母联刀闸（如201-1刀闸），如图6-2所示。

269. 新投线路保护需如何配置？

新投运线路（保护）视为不可靠保护，需线路两侧变电站母联开关断路器保护改临时定值，作为投运期间的快速、可靠保护（一般调整充电过流保护定值与延时并投入），如图6-3所示。

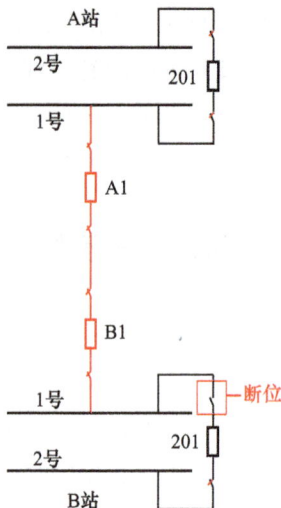

图 **6-2** 线路 TV 二次定相过程

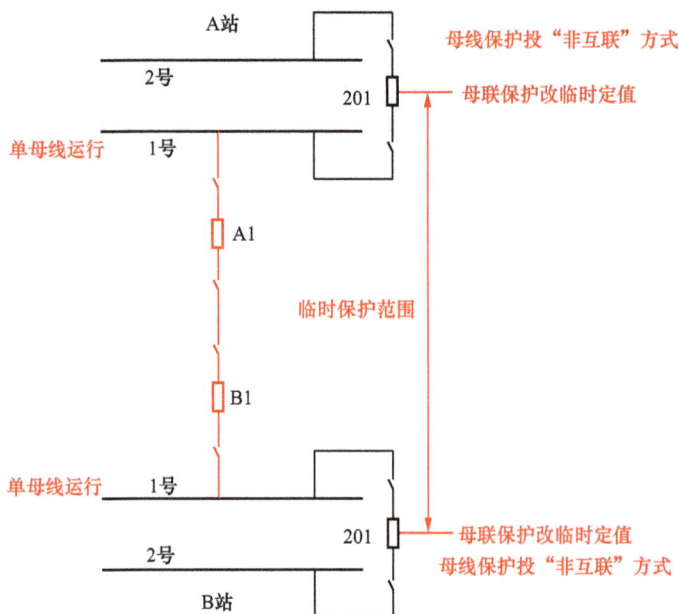

图 **6-3** 新投线路的保护配置

以新投线路AB线为例，A站与B站的母联保护改临时定值，作为临时的可靠保护，将A站和B站的220kV母线保护投非互联方式，如图6-4所示。

270. 出线开关TA更换后保护需如何配置？

出线开关TA更换后，对侧修改线路保护距离Ⅱ段动作时限，作为TA充电时和相量检查时的速动保护；本侧倒空一条母线，更改母联保护定值，使其保护范围延伸至对侧出线开关处，作为相量检查时的后备保护，如图6-4所示。

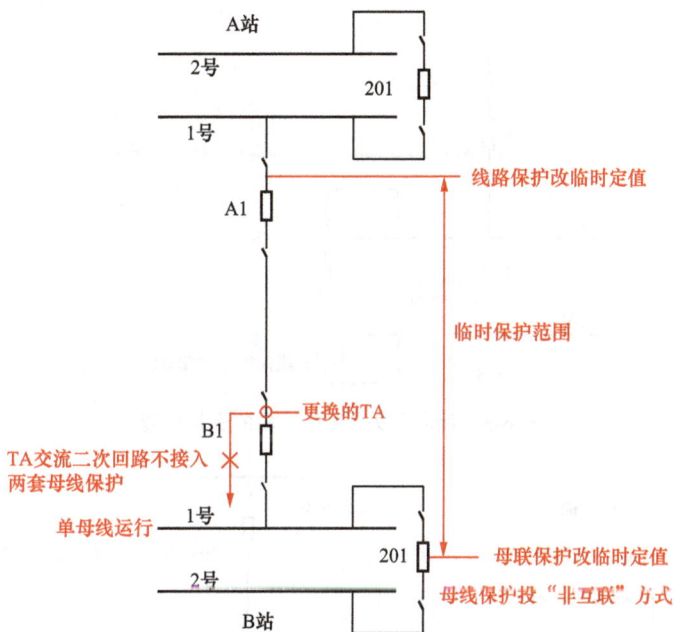

图 6-4　出线开关 TA 更换后的保护配置

271. 母联开关TA更换后保护需如何配置？

母联开关TA更换后对侧修改线路保护距离Ⅱ段动作时限，作为母联TA充电时的速动保护；为保证充电时不影响运行设备安全，本侧母联开关与运行母线间的刀闸断开（没有明显开断点时，若母联开关偷合且充电范围内出现故障时，会导致运行母线停运），如图6-5所示。

272. 500kV主变压器投运时保护需如何配置？

500kV主变压器投运时，高压侧两个开关的断路器保护更改定值作临时保护；中压侧倒空一条母线，更改母联保护临时定值作临时保护，如图6-6所示。

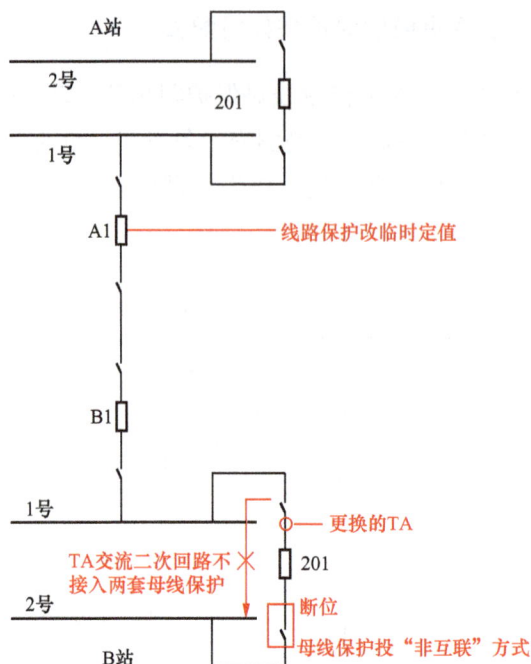

图 6-5 母联开关 TA 更换后的保护配置

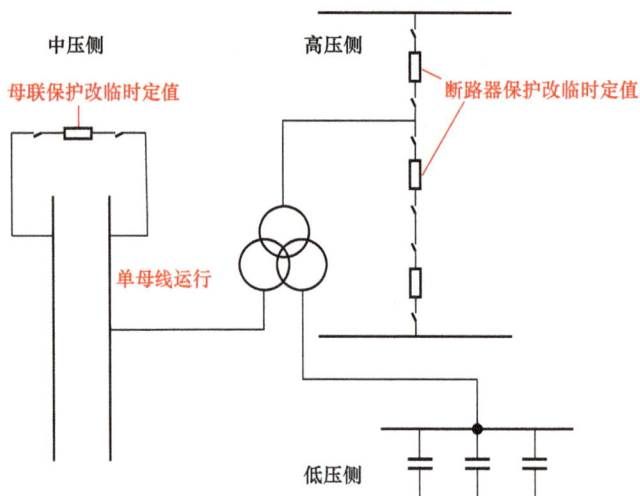

图 6-6 500kV 主变压器投运时保护配置

273. 3/2接线母线保护更换时保护需如何配置?

3/2接线母线保护更换，未做向量检查前不视为可靠保护，因此连在其上的所有开关的断路器保护更改临时定值作临时保护（一般调整充电过流保护定值与延时，作为可快速动作的可靠保护），如图 6-7 所示。

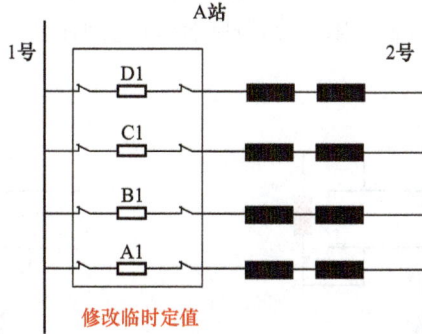

图 6-7　3/2 接线母线保护更换时的保护配置

274. 220kV 变电站全站投运时保护需如何配置？

变电站 220kV 部分投运时，与新投变电站所连的变电站（即电源侧）倒为单母线方式，母联开关保护更改定值作为新设备充电及相量检查时的临时速动保护，同时母差保护投非互联方式，如图 6-8 所示。

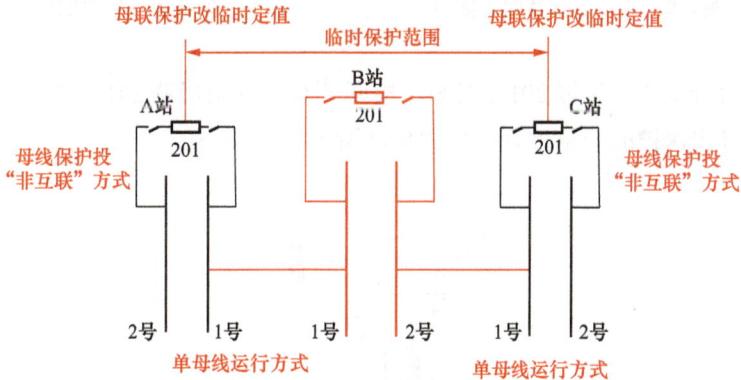

图 6-8　220kV 变电站全站投运时保护配置

220kV 主变压器及中低压侧部分投运时，核对主变压器保护、中低压侧母线保护及中低压侧母联分段保护模拟向量检查正确后，作为可靠保护投入。

275. 220kV 线路投运流程有哪些？

合上 A 站母联 201 开关，用 A1 开关对线路冲击合闸三次，对线路进行充电，充电同时进行 AB 线线路 TV、A 站 220kV 1 号母线 TV 核相，即同源核相，如图6-9所示。

冲击合闸完成后，合上B1开关后，进行AB线线路TV、B站220kV 1、2号母线TV核相，即异源核相，B站母联201-1刀闸在断位保证异源，如图6-10所示。

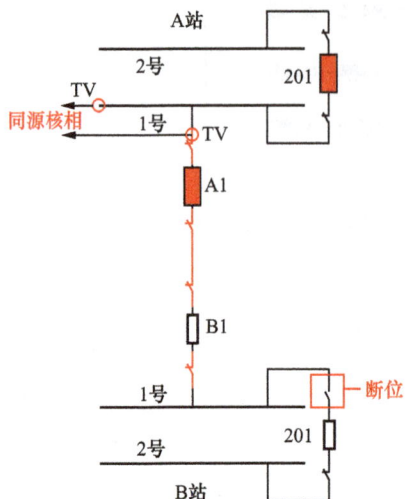

图 6-9　冲击合闸及同源核相

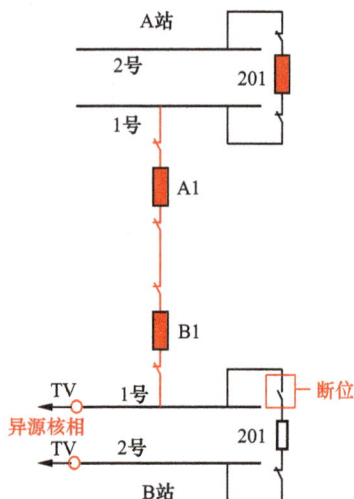

图 6-10　异源核相

最后合上B站母联201-1刀闸，检同期合上B站母联201开关，进行线路保护与母线保护的相量检查，如图6-11所示。

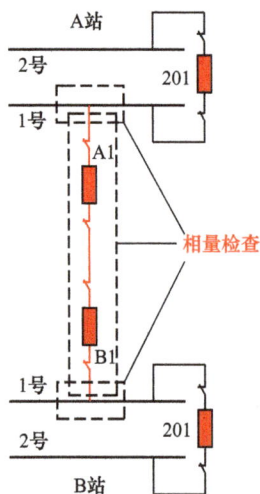

图 6-11　线路保护与母线保护相量检查

276．220kV出线开关TA投运流程有哪些?

B1开关TA充电完成前,TA出线间隔母线刀闸一般断开,TA交流二次回路不接入两套母线保护。本侧母线保护投非互联方式,倒空一条母线,更改母联保护定值,使其保护范围延伸至对侧出线开关处,作为向量检查时的后备保护。对侧A站修改线路保护距离Ⅱ段动作时限,作为TA充电和向量检查时的速动保护;合上A1开关对B1开关TA进行充电,无问题后,拉开A1开关,B1开关TA二次回路接入母差保护,如图6-12所示。

之后合上相应刀闸和开关,新投设备运行带负荷后,线路保护、母差保护进行相量检查,如图6-13所示。

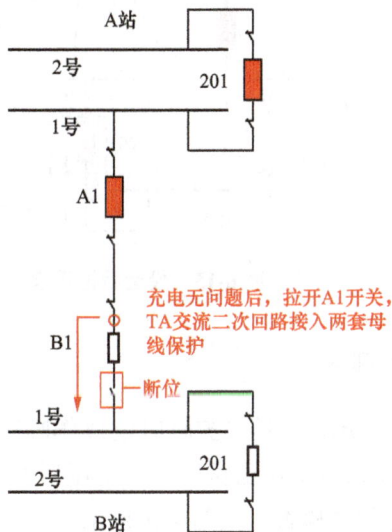

图 6-12　220kV 出线开关 TA 投运过程

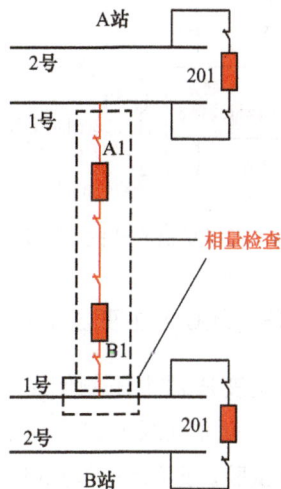

图 6-13　投运后相量检查

277．220kV母联开关TA投运流程有哪些?

母联TA充电完成前二次回路不接入母差回路,同时母差保护要投非互联方式,对侧修改线路保护距离Ⅱ段动作时限,作为母联TA充电时的速动保护;本侧母联开关与运行母线间的刀闸断开,防止充电时母联开关偷合,且充电范围出现故障时,会导致运行母线停运。充电完成后对侧线路保护任务完成,即刻恢复正常定值;母联TA二次回路接入两套母差保护。将母差投"互联"方式,母差保护不计母联回路电流,避免母联TA二次回路接线出错误跳运行母线,如图6-14所示。

合上相应刀闸，检同期合上相应开关后，进行母线保护相量检查，检查完后母线保护恢复为"非互联"方式，进行母联201开关的断路器保护相量检查，最后使母线恢复正常方式，如图6-15所示。

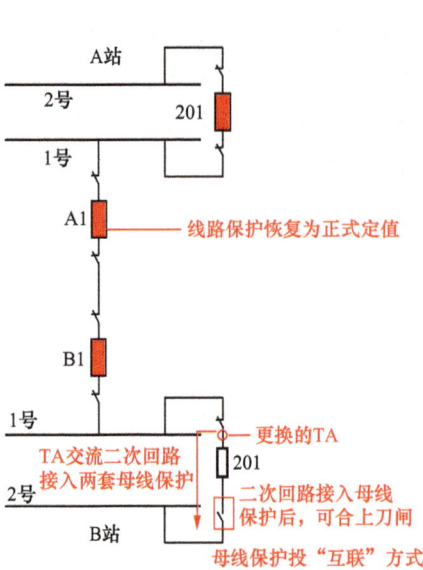

图 6-14　220kV 母联开关 TA 投运过程

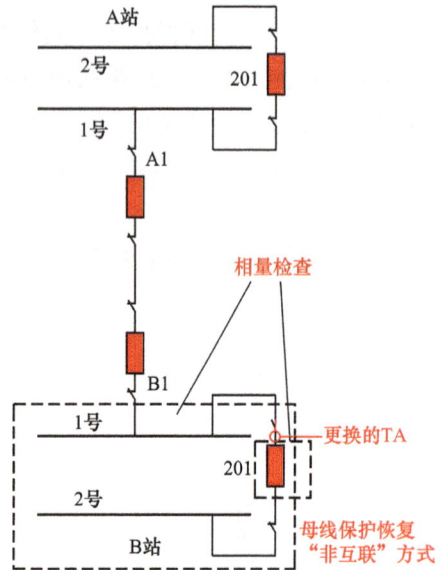

图 6-15　投运后相量检查

278. 500kV主变压器投运流程有哪些？

将主变压器中压侧倒空一条母线，更改母联保护临时定值作临时保护，母线保护投非互联方式，利用中压侧投切主变压器试验及主变压器低压侧电容器组试验。期间中压与低压运行进行相量检查，如图6-16所示。

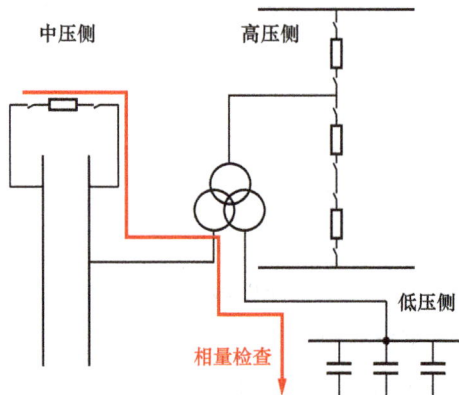

图 6-16　中压侧投切主变压器试验及低压侧电容器组试验

高压侧开关的断路器保护更改定值作临时保护,利用高压侧投切主变压器试验及主变压器低压侧电容器组试验,期间高压与低压运行进行相量检查;高压侧两个开关独立分开、各自运行、进行相量检查;最后主变压器合环送电后进行相量复测,如图6-17所示。

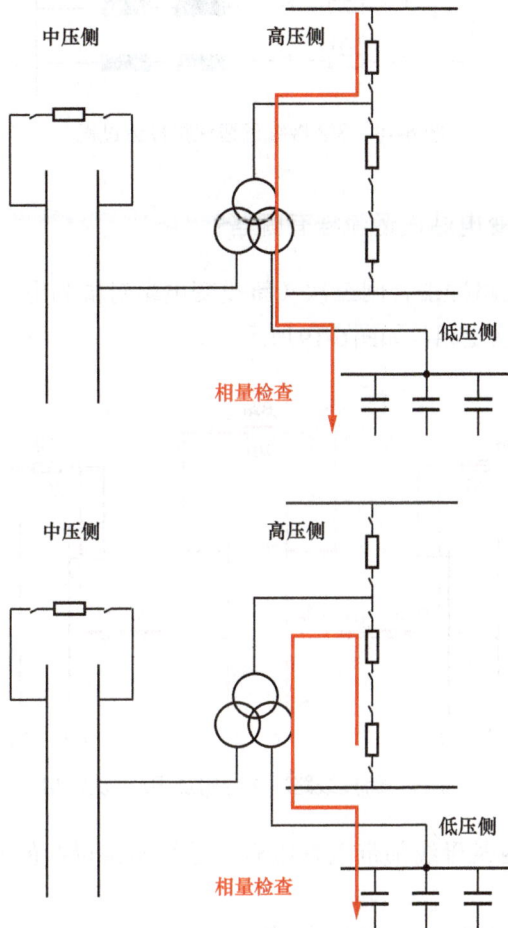

图 6-17　高压侧投切主变压器试验及低压侧电容器组试验

279. 3/2接线母线保护投运流程有哪些?

投运前准备过程中,将220kV 1号母线上的所有边开关断路器保护改临时定值作临时的保护。修改完后将1号母线与边开关由冷备用转热备用。开关成对转运行有潮流后,进行母线保护各间隔相量检查;各间隔均接入后,进行整体相量复测,如图6-18所示。

115

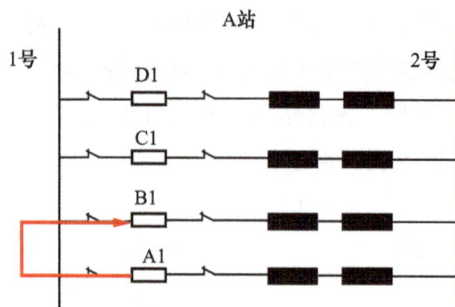

图 6-18 3/2 接线母线保护投运过程

280．220kV 变电站投运流程有哪些？

依次对新投线路冲击合闸三次（新投变电站对端为电源），期间线路 TV 与母线 TV 进行二次定相，如图 6-19 所示。

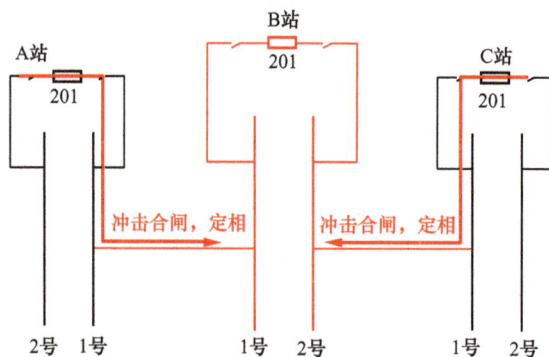

图 6-19 新投线路冲击合闸及 TV 二次定相

新投变电站两条母线都带电有压后，进行两条母线的 TV 二次定相，如图 6-20 所示。

需注意以下两点：

（1）母线电压核相时两条母线间需有明显的开断点（如 201-1 或 201-2 刀闸在断位）；

（2）新投变电站一般在投运前已进行线路 TV 与母线 TV 相位模拟相量检查试验，故投运过程无须进行此项工作。

若新投的变电站为末端站，通过主变压器带负荷后，应进行线路保护、母线保护相量检查；若不是末端站，则可以通过母联 201 合环运行后进行上述工作，如图 6-21 所示。

母线TV定相时，刀闸保持断位
（201-1或201-2）

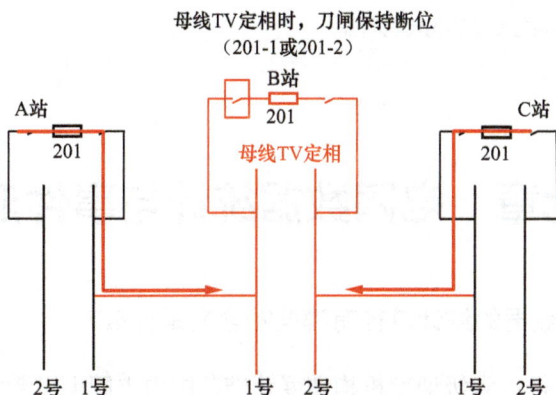

图 6-20 新投变电站两条母线 TV 二次定相

最后检同期合上B站母联201开关，形成潮流后，进行相应保护的相量检查

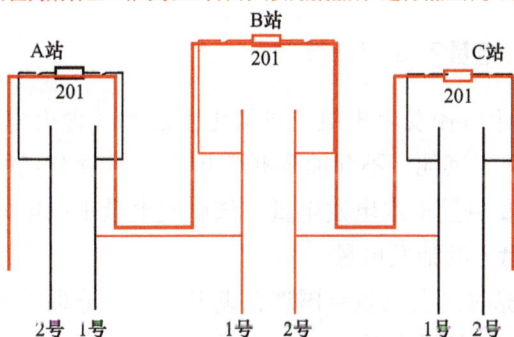

图 6-21 线路、母线保护相量检查

　　新投变电站一般在投运前已完成除线路纵差保护外其余保护的模拟向量检查试验，因此投运过程只需进行线路保护相量的检查工作。

　　220kV部分投运结束后，进行主变压器及中低压侧部分投运，利用主变压器高压侧开关对主变压器冲击合闸五次后，分别利用主变压器中低压侧开关对中低压侧母线进行充电与二次定相、核相，最后利用低压侧开关对电容器组冲击合闸三次。

117

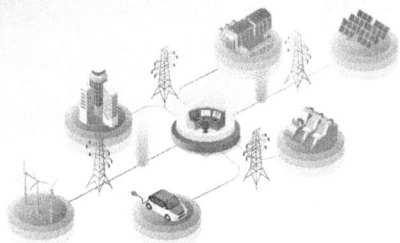

第七章　电网数据统计与事件汇报

281. 调度数据的统计口径有哪些？含义是什么？

（1）统调口径：省级调度机构调度管辖范围内电网调度数据的统计口径。

（2）调度口径：县级及以上调度机构调度管辖范围内电网调度数据的统计口径。

（3）全社会口径：调度机构所在统计区域内所有电网运行数据的统计口径。

282. 什么是发电量？如何计算？

发电量是指统计口径发电机组的机端电量总和（含火电、水电、核电、风电、太阳能、地热、其他，不含抽蓄机组电量）。计算公式如下：

发电量＝火电发电量＋水电发电量＋核电发电量＋风电发电量＋太阳能发电量＋地热发电量＋其他发电量

按调管范围计算时，发电量＝国调直调发电量＋分调直调发电量＋省调直调发电量＋地县调直调发电量。

283. 什么是发电电力？如何计算？

发电电力是指统计口径发电机组机端发电电力总和。计算公式如下：

发电电力＝火电发电电力＋水电发电电力＋抽蓄发电电力＋核电发电电力＋风电发电电力＋太阳能发电电力＋地热发电电力＋其他发电电力

按调管范围计算时，发电电力＝国调直调发电电力＋分调直调发电电力＋省调直调发电电力＋地县调直调发电电力。

284. 什么是上网电量？如何计算？

上网电量是指统计口径发电机组的发电上网电量（除去厂用电后向电网输送的电量）总和。

上网电量＝火电上网电量＋水电上网电量＋核电上网电量＋风电上网电量＋太阳能上网电量＋地热上网电量＋其他上网电量

按调管范围计算时，上网电量＝国调直调上网电量＋分调直调上网电量＋省调直调上网电量＋地县调直调上网电量。

285. 什么是受电量和受电电力？

对于河北南部电网，受电量是指通过网间联络线（河北南部电网与京津唐、山西、山东、河南电网间联络线，以及特高压输电线路）交换的电量，受电电力是指通过网间联络线交换的电力，两者都是受入为正，送出为负。

286. 什么是发受电量和发受电电力？

发受电量是指统计口径发电量与受电量的代数和。

发受电电力是指统计周期内发电电力与受电电力的代数和。

287. 什么是装机容量？如何计算？

装机容量是指统计口径发电机组核准额定出力的总和，一般按接入电网电压等级、机组容量统计。

装机容量＝火电装机容量＋水电装机容量＋抽蓄装机容量＋核电装机容量＋风电装机容量＋太阳能装机容量＋地热装机容量＋其他装机容量。

按调管范围计算时，装机容量＝国调直调装机容量＋分调直调装机容量＋省调直调装机容量＋地县调直调装机容量。

288. 什么是旋转备用容量？

旋转备用容量是指运行正常的发电机维持额定转速，随时可以并网，或已并网但仅带一部分负荷，随时可以利用且不受网络限制的剩余发电有功出力，是用于满足随时变化的负荷波动，以及负荷预计的误差、设备的意外停运等所需的额外有功出力。

旋转备用容量＝并网运行机组考虑安全约束后的15min内最大可发机端出力－机端实际电力。

289. 什么是受阻容量？

受阻容量是指因辅机故障、缺煤、水情、安全约束等原因导致的并网运行机组无法调出的容量总和。

290. 什么是可调容量和综合可调容量?

可调容量是指考虑安全约束和发电机组受阻等情况后全部发电设备实际可调用的容量。综合可调容量是指综合考虑旋转备用、联络线受电计划后的可调用容量。

可调容量＝装机容量－停备容量－检修容量－受阻容量－机组非计停容量

综合可调容量＝可调容量＋联络线计划受电电力－按规定预留的旋转备用容量

291. 风电场受限电量如何计算?

受限电量＝受限时段风电场可用机组可发电量－受限时段风电场实发电量

其中,风电场可用机组可发电量是指风电场内除受场内设备故障、缺陷或检修等因素影响外,剩余可用风电机组在所处自然环境和设备状态下(不考虑电力系统运行因素影响),在相应时间内理论上可以发出的电量。

292. 光伏电站受限电量如何计算?

受限电量＝受限时段光伏电站可用发电量－受限时段光伏电站实际发电量

因系统原因受限电量＝受限时段光伏电站可用发电量－受限时段光伏电站实际发电量－特殊原因受限电量

特殊原因受限电量包括以下情况:

(1)因台风、地震、洪水等不可抗力因素导致未能发出的电量。

(2)因光伏电站送出线路计划检修导致未能发出的电量。

(3)因光伏电站出力超出电站备案容量(即交流侧容量)未能发出的电量。

(4)因光伏电站处于并网调试期未能发出的电量。

(5)因光伏电站并网技术条件不满足相关标准要求,或依据有关法律、政策规定,光伏电站在整改期间未能发出的电量。

(6)市场化方式并网光伏电站因未落实并网条件导致未能发出的电量。

(7)因光伏电站市场化交易决策不当导致未能发出的电量。

293. 数据对外报送的范围如何界定?

各省级电网负荷、发电电力等对外报送数据以省调统计数据为准;各区域电网负荷、发电电力等对外报送数据以分中心统计数据为准;国家电网负荷、发电电力等对外报送数据以国调中心统计数据为准。

294.《国家电网调度系统重大事件汇报规定》中，事件分类有哪些？

（1）特急报告类事件。

（2）紧急报告类事件。

（3）一般报告类事件。

295.《国家电网调度系统重大事件汇报规定》中，特急报告类事件有哪些？

《电力安全事故应急处置和调查处理条例》《国家电网公司安全事故调查规程》规定的特别重大事故、重大事故中涉及电网减供负荷的事故，以及《国家大面积停电事件应急预案》《国家电网公司大面积停电事件应急预案》规定的特别重大、重大大面积停电事件。

296. 特别重大电网事故（一级电网事件）如何定义？

根据《国家电网公司安全事故调查规程》规定，特别重大电网事故（一级电网事件）指：

（1）造成区域性电网减供负荷30%以上者。

（2）造成电网负荷20000MW以上的省（自治区）电网减供负荷30%以上者。

（3）造成电网负荷5000MW以上20000MW以下的省（自治区）电网减供负荷40%以上者。

（4）造成直辖市电网减供负荷50%以上，或者60%以上供电用户停电者。

（5）造成电网负荷2000MW以上的省（自治区）人民政府所在地城市电网减供负荷60%以上或者70%以上供电用户停电者。

297. 重大电网事故（二级电网事件）如何定义？

根据《国家电网公司安全事故调查规程》规定，重大电网事故（二级电网事件）指：

（1）造成区域性电网减供负荷10%以上30%以下者。

（2）造成电网负荷20000MW以上的省（自治区）电网减供负荷13%以上30%以下者。

（3）造成电网负荷5000MW以上20000MW以下的省（自治区）电网减供负荷16%以上50%以下者。

（4）造成电网负荷1000MW以上5000MW以下的省（自治区）电网减供

负荷50%以上者。

（5）造成直辖市电网减供负荷20%以上50%以下，或者30%以上60%以下的供电用户停电者。

（6）造成电网负荷2000MW以上的省（自治区）人民政府所在地城市电网减供负荷40%以上60%以下，或者50%以上70%以下供电用户停电者。

（7）造成电网负荷2000MW以下的省（自治区）人民政府所在地城市电网减供负荷40%以上，或者50%以上供电用户停电者。

（8）造成电网负荷600MW以上的其他设区的市电网减供负荷60%以上，或者70%以上供电用户停电者。

298.《国家电网调度系统重大事件汇报规定》中，紧急报告类事件有哪些？

（1）《电力安全事故应急处置和调查处理条例》《国家电网公司安全事故调查规程》规定的较大事故、一般事故中涉及电网减供负荷、电压过低、供热受限的事故，以及《国家大面积停电事件应急预案》《国家电网公司大面积停电事件应急预案》规定的较大、一般大面积停电事件。

（2）除上述事件外的以下电网异常情况：

1）省（自治区、直辖市）级电网与所在区域电网解列运行。

2）区域电网内500kV以上电压等级同一送电断面出现3回以上线路相继跳闸停运的事件；因同一次恶劣天气、地质灾害等外力原因导致区域电网500kV以上线路跳闸停运3回以上，或省级电网220kV以上线路跳闸停运5回以上的事件。

3）北京、上海、天津、重庆等重点城市发生停电事件，造成重要用户停电，对国家政治、经济活动产生重大影响的事件。

4）电网重要保电时期出现保电范围内减供负荷、拉限电等异常情况。

299. 较大电网事故（三级电网事件）如何定义？

根据《国家电网公司安全事故调查规程》规定，较大电网事故（三级电网事件）指：

（1）造成区域性电网减供负荷7%以上10%以下者。

（2）造成电网负荷20000MW以上的省（自治区）电网减供负荷10%以上13%以下者。

（3）造成电网负荷5000MW以上20000MW以下的省（自治区）电网减供

负荷12%以上16%以下者。

（4）造成电网负荷1000MW以上5000MW以下的省（自治区）电网减供负荷20%以上50%以下者。

（5）造成电网负荷1000MW以下的省（自治区）电网减供负荷40%以上者。

（6）造成直辖市电网减供负荷10%以上20%以下，或者15%以上30%以下的供电用户停电者。

（7）造成省（自治区）人民政府所在地城市电网减供负荷20%以上40%以下，或者30%以上50%以下供电用户停电者。

（8）造成电网负荷600MW以上的其他设区的市电网减供负荷40%以上60%以下，或者50%以上70%以下供电用户停电者。

（9）造成电网负荷600MW以下的其他设区的市电网减供负荷40%以上，或者50%以上供电用户停电者。

（10）造成电网负荷150MW以上的县级市电网减供负荷60%以上，或者70%以上供电用户停电者。

（11）发电厂或220kV以上变电站因安全故障造成全厂（站）对外停电，导致周边电压监视控制点电压低于调度机构规定的电压曲线值20%并且持续时间30min以上，或者导致周边电压监视控制点电压低于调度机构规定的电压曲线值100%并且持续时间1h以上者。

（12）发电机组因安全故障停止运行超过行业标准规定的大修时间两周，并导致电网减供负荷者。

300. 一般电网事故（四级电网事件）如何定义？

根据《国家电网公司安全事故调查规程》规定，一般电网事故（四级电网事件）指：

（1）造成区域性电网减供负荷4%以上7%以下者。

（2）造成电网负荷20000MW以上的省（自治区）电网减供负荷5%以上10%以下者。

（3）造成电网负荷5000MW以上20000MW以下的省（自治区）电网减供负荷6%以上12%以下者。

（4）造成电网负荷1000MW以上5000MW以下的省（自治区）电网减供负荷10%以上20%以下者。

（5）造成电网负荷1000MW以下的省（自治区）电网减供负荷25%以上40%以下者。

（6）造成直辖市电网减供负荷5%以上10%以下，或者10%以上15%以下的供电用户停电者。

（7）造成省（自治区）人民政府所在地城市电网减供负荷10%以上20%以下，或者15%以上30%以下供电用户停电者。

（8）造成其他设区的市电网减供负荷20%以上40%以下，或者30%以上50%以下供电用户停电者。

（9）造成电网负荷150MW以上的县级市电网减供负荷40%以上60%以下，或者50%以上70%以下供电用户停电者。

（10）造成电网负荷150MW以下的县级市电网减供负荷40%以上，或者50%以上供电用户停电者。

（11）发电厂或220kV以上变电站因安全故障造成全厂（站）对外停电，导致周边电压监视控制点电压低于调度机构规定的电压曲线值5%以上10%以下并且持续时间2h以上。

（12）发电机组因安全故障停止运行超过行业标准规定的小修时间两周，并导致电网减供负荷者。

301.《国家电网调度系统重大事件汇报规定》中，紧急报告类事件有哪些？

（1）《国家电网公司安全事故调查规程》规定的五级电网事件及五级设备事件中涉及电网安全的内容。

（2）除上述事件外的以下电网异常情况。

1）发生110kV以上局部电网与主网解列运行故障事件。

2）装机容量3000MW以上电网，频率超出（50±0.2）Hz；装机容量3000MW以下电网，频率超出（50±0.5）Hz。

3）因220kV以上电压等级厂站设备非计划停运造成负荷损失、拉路限电、稳控装置切除负荷、低频低压减负荷装置动作等减供负荷事件。

4）在电力供应不足或特定情况下，电网企业在当地电力主管部门的组织下，实施了限电、拉路等有序用电措施。

5）厂站发生220kV以上任一电压等级母线故障全停或强迫全停事件。

6）恶劣天气、水灾、火灾、地震、泥石流及外力破坏等导致110（66）kV变电站全停、3个以上35kV变电站全停或减供负荷超过40MW等对电网运行产生较大影响的事件；发生日食、太阳风暴等自然现象并对电网运行产生较大影响的事件。

7）通过220kV以上电压等级并网且水电装机容量在100MW以上或火电、核电装机容量在1000MW以上的电厂运行机组故障全停或强迫全停事件。

8）因电网故障异常等原因导致风电、光伏出现大规模脱网或出力受阻容量在500MW以上的事件。

9）电网发生低频振荡、次同步振荡、机组功率振荡等异常电网波动；火电厂出现扭振保护（TSR）动作导致机组跳闸的情况。

10）地级以上调控机构、220kV以上厂站发生误操作、误碰、误整定、误接线等恶性人员责任事件。

11）单回500kV以上电压等级线路故障停运及强迫停运事件。

12）220kV以上电压等级TA、TV着火或爆炸等设备事件。

13）公司资产的水电站、抽蓄电站发生重大设备损坏，导致单机容量100MW以上机组检修工期超过14天的事件。

14）各级调控机构与超过30%直调厂站的调度电话业务中断或与超过30%直调厂站的调度数据网业务中断、调度控制系统SCADA功能全部丧失的事件。

15）各级调控机构调控场所（包括备用调控场所）发生停电、火灾、外力破坏等事件；省级以上调控机构调控场所（包括备用调控场所）发生主备调切换或切换至临时调度场所等事件。

16）当举办党和国家重大活动、重要会议，电网企业承办重要保电工作，接到保电任务并开始编制调度保电方案的事件。

17）省级以上调控机构接受电力监管，或监管机构监管检查中下发事实确认书、整改通知书内容涉及调控机构的事件。

18）因电网突发的严重缺陷和隐患，可能导致影响铁路、公路、城市轨道交通、航运、机场等公共交通并造成较大社会影响的事件；因电网原因造成的铁路、公路、城市轨道交通、航运、机场等公共交通中断或延误的事件。

19）因电网原因影响城市供水、供热、供气及政府机构、医院、广播电视台等重要电力用户，在省级以上新闻（含网络）媒体出现报道等造成较大社会影响的事件。

20）其他对调控运行或电网安全产生较大影响及造成较大社会影响的事件。

302. 五级电网事件如何定义？

根据《国家电网公司安全事故调查规程》规定，五级电网事件指：

（1）电网减供负荷，有下列情形之一的：

1）城市电网（含直辖市、省政府所在城市、其他设区的市、县级市）减供负荷比例或城市供电用户停电比例超过一般电网事故数值60%以上者。

2）造成电网减供负荷100MW以上。

（2）电网稳定破坏，有下列情形之一的：

1）220kV以上系统中，并列运行的两个或几个电源间的局部电网或全网引起振荡，且振荡超过一个周期（攻角超过360°），不论时间长短，或是否拉入同步。

2）220kV以上电网非正常解列成三片以上，其中至少有三片每片内解列前发电出力和供电负荷超过100MW。

3）省级电网与所在区域电网解列。

（3）电网电能质量降低，有下列情形之一的：

1）装机容量3000MW以上电网，频率偏差超出（50±0.2）Hz，持续30min以上。

2）装机容量3000MW以下电网，频率偏差超出（50±0.5）Hz，持续30min以上。

3）500kV以上电压监视点电压偏差超出±5%，延续时间30min以上。

（4）交流系统故障，有下列情形之一的：

1）变电站内220kV以上任意电压等级运行母线掉闸全停。

2）三座以上110kV（含66kV）变电站全停。

3）220kV以上系统，一次事件导致两台以上主变压器跳闸。

4）500kV以上系统，一次事件导致同一输电断面两回以上线路跳闸。

5）故障时，500kV以上开关拒动。

（5）直流系统故障，有下列情形之一的：

1）±400kV以上直流双极闭锁（不含柔性直流）。

2）两回以上±400kV以上直流单极闭锁。

3）±400kV以上柔性直流系统全停。

4）具有两个以上换流单元的背靠背直流换流单元全部闭锁。

（6）二次系统故障，有下列情形之一的：

1）500kV以上安全自动装置不正确动作。

2）500kV以上继电保护不正确动作致使越级跳闸。

（7）发电厂故障，有下列情形之一的：

1）因电网侧故障导致发电厂一次减少出力2000MW以上。

2）具有黑启动功能的机组在黑启动时未满足调度指令需求。

（8）县级以上政府有关部门确定的特级或一级重要电力用户，以及高铁、机场、城市轨道交通等电网侧供电全部中断。

303.《国家电网调度系统重大事件汇报规定》中，对重大事件汇报时间有何要求？

（1）发生特急报告类事件，相应分中心或省调调度员须在15min内向国调调度员进行特急报告。

（2）发生紧急报告类事件，相应分中心或省调调度员须在30min内向国调调度员进行紧急报告。

（3）发生一般报告类事件，相应分中心或省调调度员须在2h内向国调调度员报告。

（4）分中心或省调发生电力调度通信中断事件应立即报告国调调度员。

（5）特急报告类、紧急报告类、一般报告类事件应按调管范围由发生重大事件的分中心或省调尽快将详细情况以书面形式报送至国调，省调应同时抄报分中心。

304.《国家电网调度系统重大事件汇报规定》中，对重大事件汇报内容有何要求？

（1）发生重大事件后，相应分中心或省调须在规定时间内向国调调度员进行报告，内容主要包括事件发生的时间、概况、可能产生的影响、负荷损失和恢复等情况。

（2）在事件处置暂告一段落后，分中心或省调应将详细情况汇报国调，内容主要包括：事件发生的时间、地点、背景情况，事件经过、保护及安全自动装置动作情况，调度系统应对措施重要设备损坏情况、对社会及重要用户的影响情况，以及负荷损失及系统恢复情况等。

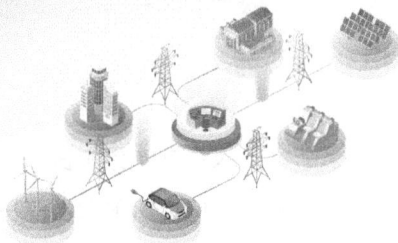

第八章 电力现货市场

一、电力现货市场基础知识

305. 什么是电力市场?

电力市场是基于市场经济原则,实现电力商品交换的电力工业组织结构、经营管理和运行规则的总和。电力市场又是一个具体的执行系统,包括交易场所、交易管理系统、计量和结算系统、信息和通信系统等。电力市场有广义与狭义两种含义。

广义的电力市场泛指电力流通交换的领域,自电力作为商品实现交换之日起,电力市场就已经存在。广义的电力市场有着明确的地域指向,电力市场的地理边界可能差异很大。例如单一省内的电力市场、整个国家的电力市场,乃至跨国的电力市场等。由于电网是电力传输的唯一通道,因此多大范围的电网才可能形成多大范围的电力市场。

狭义的电力市场是指现代竞争性的电力市场,旨在通过开放、竞争等市场手段实现电力资源的优化配置。电能生产者和使用者基于公平竞争、自愿互利的原则,通过协商、竞价等方式,就电能及相关产品进行交易,通过市场手段确定价格和数量。目前广泛讨论的电力市场,通常都是狭义的电力市场。

306. 电力市场有哪些划分维度?如何划分?

电力市场体系中各类市场的划分有着不同的维度,一般有交易数量和额度、市场性质、交易品种、时间、竞争模式等维度,如图8-1所示。

(1)按照交易数量和额度划分。电力市场可以划分为电力批发市场和电力零售市场。发电企业与大用户之间开展大宗电力商品直接交易的行为一般称为批发,对应的市场为电力批发市场。供电公司、售电商面向终端用户的销售行为一般称为零售,对应的市场为电力零售市场。

(2)按照市场性质划分。电力市场可以分为电力实物市场与电力金融市

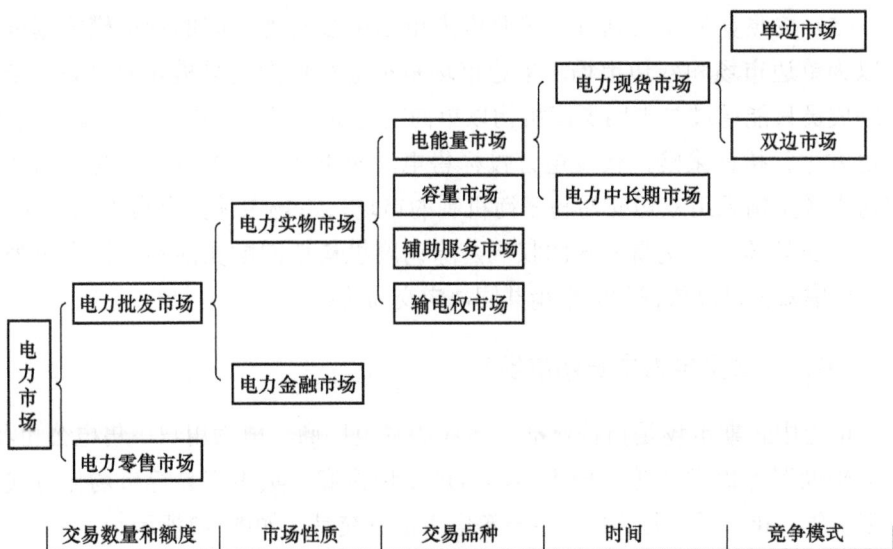

| 交易数量和额度 | 市场性质 | 交易品种 | 时间 | 竞争模式 |

图 8-1　电力市场维度划分

场。电力实物市场是以电能量及其相关服务产品交割为目的的各类细分市场的总和，包含电力生产、传输等环节相关的自然资源、基础设施、市场制度和市场主体，同时也包含实物商品的交易、交割及结算等。电力金融市场涉及能源电力衍生出的金融产品的交易行为，包括市场结构与相关的制度安排、市场主体、产品与交易，同时也具备其特有的供求驱动因素。电力金融市场合同通常不涉及电力实物商品的交割，取而代之的是现金的交割。

（3）按照交易品种划分。电力市场按其交易标的物的不同，一般可以分为电能量市场、发电容量市场、电力辅助服务市场和输电权市场。电能量市场是以有功功率电能量为交易标的物的市场。发电容量市场是以可靠性装机容量为交易标的物的市场。电力辅助服务是指为维护电力系统的安全稳定运行，保证电能质量，除正常电能生产、输送、使用以外，由发电厂商、电网企业和电力用户等提供的服务。输电权市场是以网络的输电权为标的物进行交易的市场。

（4）按照时间维度划分。电能量批发市场按其交易周期长短，通常可分为现货市场和中长期市场。现货市场可以定义为安排次日（或未来24h）发用电计划、为实现日内发用电计划滚动调整以及为保证电力供需实时平衡而组织的电力交易市场的总和。中长期市场可以理解为开展多日以上较长周期电能量交易的市场，一般可以组织多年、年、季、月、周等多日以上的电力交易。

（5）按照竞争模式划分。按照电力市场中参与者之间的竞争模式划分，可以为单边市场和双边市场。单边市场是指进行单向交易模式的电力市场，市场成员只能通过与电网调度机构以单向交易的方式售卖电，即调度机构替用电方进行招标采购，代发电方投标售电，而不允许双方直接交易的市场。双边市场是指采用双边交易与平衡机制的市场，市场主体具有自由选择交易对象、交易场所、交易方式的权利，除调度机构单向购买的不平衡电量外，电力供需双方可以依据供需平衡共同决定交易价格。

307. 什么是电力中长期市场？

电力中长期市场是指符合准入条件的发电厂商、电力用户、售电公司和独立辅助服务提供者等市场主体，通过双边协商、集中交易等市场化方式，开展多年、年、季、月、周、多日等电力批发交易，如图8-2所示。

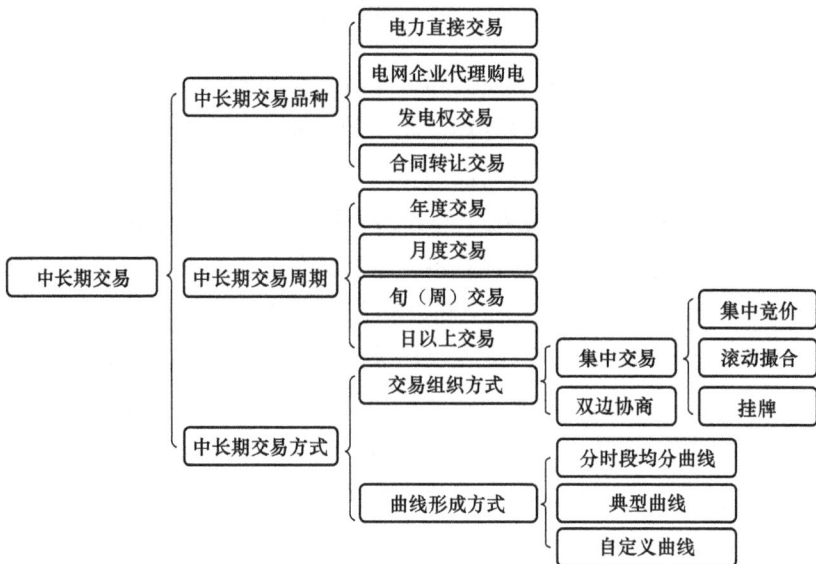

图 8-2　电力中长期市场

按照中长期交易品种划分，中长期交易包括但不限于电力直接交易、电网企业代理购电交易、发电权交易、合同转让交易等。按照中长期交易周期划分，现阶段可分为年度、月度、旬（周）和日以上交易。按照中长期交易方式划分，根据组织方式可分为双边协商和集中交易两种方式，其中集中交易包括集中竞价、滚动撮合和挂牌交易三种形式；根据曲线形成方式可分为分时段均分曲线、典型曲线、自定义曲线等。

考虑中长期市场的重要性，国家发改委、国家能源局于2020年11月发布了《关于做好2021年电力中长期合同签订工作的通知》（发改运行〔2017〕1784号），对中长期合同的签订提出了"六签"要求。

（1）全签：用户签约电量不低于上一年实际用电量的95%或前三年用电量的平均值，生产经营调整较大的用户可以适当放宽至不低于90%。

（2）长签：按年度签订合同，鼓励签订2～3年甚至更长周期的合同。

（3）见签：引入电网企业参与签约，引入信用监管机构见证签约。

（4）分时段签：根据各地实际按若干时段签订合同。

（5）规范签：要出台合同范本并推广应用。

（6）电子签：推进线上签订电子合同。

308．什么是电力现货市场？

电力现货市场可以定义为安排次日（或未来24h）发用电计划、为实现日内发用电计划滚动调整以及为保证电力供需实时平衡而组织的电力交易市场的总和。

按照交易时间，现货市场一般可分为日前市场和实时市场，此外也可以分为日前市场、日内市场、实时平衡市场，还有只将日前市场称为现货市场的。在我国，现货市场主要开展日前、日内、实时的电能量交易，通过竞争形成分时市场出清价格，并配套开展备用、调频等辅助服务交易。

电力现货市场一般具备以下四个方面的特征。

（1）现货市场是竞争性市场，交易双方按照交易规则，集中在特定的交易平台达成交易，即采取集中竞价的方式确定电能交易数量和价格。

（2）现货市场具有实物交易的属性，交易双方均有完成实物交割的意图。

（3）交易周期要尽可能短，一般是日或者更短的周期，但由于技术和效率的缘故，最短不小于5min。

（4）交易与交割是分别完成的，电力现货市场不需要市场主体的交易与交割一一对应。

309．什么是电力辅助服务市场？

根据《并网发电厂辅助服务管理暂行办法》，电力辅助服务定义为：为维护电力系统的安全稳定运行，保证电能质量，除正常电能生产、输送、使用外，由发电企业、电网经营企业和电力用户提供的服务。按照《并网发电厂辅助服务管理暂行办法》，辅助服务主要包括一次调频、自动发电控制

（AGC）、调峰、无功功率调节、旋转备用、黑启动服务等八类。此外各地区结合本区域电力系统运行的实际情况定义了一些辅助服务品种，包括自动电压控制（AVC）、低频调节、爬坡、热备用、快速甩负荷、调停备用、冷备用、稳控装置切机等。

电力辅助服务市场是一种遵循市场原则对提供电力辅助服务的主体因提供产品或服务发生的成本进行经济补偿的市场机制。对应不同的辅助服务调用方式，补偿机制可以分为基于统计成本和基于市场价格两种。

基于统计成本的方式是指通过对历史数据的分析，测算得到不同类型机组提供辅助服务的平均成本，以此为依据设定补偿价格。但随着多种非发电资源的引入和技术的不断进步，辅助服务的成本变化日趋复杂，统计得到的成本难以精确地反映实际发生的成本。

基于市场价格的方式是指通过组织市场竞争，按市场出清的边际价格结算辅助服务费用。按边际价格结算是促使市场成员按自身边际成本报价的有效手段，这种方式避开了辅助服务成本信息不对称、繁杂而不精确的成本统计分析，以经济利益驱动市场成员体现其提供辅助服务的成本，从而达到资源优化配置的目的。

随着可再生能源的发展，目前电力辅助服务市场机制研究的重点在于如何激励多元化市场主体为电力系统提供充裕的灵活性电力资源，以应对可再生能源发电对系统电力平衡和安全稳定运行的影响。

310. 电力现货市场有哪些典型模式？

电力市场模式通常是指电力市场的组织模式，其核心是电能量市场的中长期市场结果在现货市场中的应用模式，表现了中长期和现货市场的衔接方式，包括集中式和分散式两种电力市场模式。

集中式电力市场是主要以中长期差价合约管理市场风险，配合现货交易，采用全电量集中竞价的电力市场模式。集中式模式下，发电厂商和电力用户达成的双边合约仅用于结算，并不要求在机组组合和发电计划安排中予以执行，发电机组组合和计划安排由电网调度机构通过日前市场集中决策，是一种基于传统机组组合和经济调度理论，并将各类交易统一优化的交易模式。对于电网阻塞较多、灵活调节电源占比低、新能源占比高的省份，宜采用集中式模式。

分散式电力市场是主要以中长期实物合同为基础，发用双方在日前阶段自行确定发用电曲线和部分机组启停状态，偏差电量通过日前、日内、实时平衡交易进行调节的电力市场模式。分散式模式下，市场主体可以基于实物交易结果，自主确定发电计划，提交给电网调度机构安全校核后作为调度计划基础。市场运营机构在保障电网安全可靠运行的前提下，尽量保证实物合同的执行，并负责组织日前、日内和实时平衡市场。由于不改变实物合约将可能影响发电机组的开机方式和电网潮流分布，因此采用实物合约的地区往往具有网架结构坚强、阻塞少等特点。

集中式、分散式电力市场优缺点对比见表8-1。

表8-1　　　　　　　　集中式、分散式电力市场优缺点对比

模式	优点	缺点
集中式电力市场	（1）全电量集中竞争，资源配置效率高。 （2）市场主体按照成本报价，对其自平衡能力要求低，易于操作。 （3）不同时间尺度全电量优化，易于形成统一明确的价格信号。 （4）便于及时发现市场操纵行为并应对处置。 （5）与传统计划下的生产组织模式衔接度高	（1）市场风险较高，需建立完备的市场风险规避手段。 （2）对电力调度机构市场组织能力和电力监管机构监管能力要求较高。 （3）对既有利益格局影响较大且要求市场集中度适中，需要各类市场主体广泛参与
分散式电力市场	（1）市场风险管理难度较小。 （2）出清逻辑相对简单，在交易品种、交易周期、申报方式等方面为市场成员提供了丰富的交易机会和平衡手段	（1）需要市场主体对电力电量平衡负责，对市场主体要求较高。 （2）对可用输电容量计算和及时信息披露的要求较高

311. 电力现货市场主体有哪些参与方式？

市场主体参与电力现货市场方式主要分为以下三类：

（1）发电侧单边市场。售电公司和电力用户作为"价格接受者"参与现货市场，既不申报价格，也不申报需求，但按照市场价格进行电量结算。发电侧报量报价，开展单边竞争，进行零和博弈。

（2）发电侧报量报价，用户侧报量不报价。售电公司和电力用户仅申报用电需求曲线，不申报价格。所申报的用电需求曲线仅作为现货市场的结算依据，不作为现货市场出清的边界条件。用户侧主体按市场出清价格进行统一结算。

（3）发用电双向报量又报价。符合现货市场准入条件的电力用户可以申报需求量价曲线，也可以通过售电公司、负荷集成商参与现货市场，实现发用电双向竞价。用户侧主体在现货市场中的申报可以在一定程度上体现其购电策略。

用户侧在不参与市场的情况下，无法响应价格信号削峰填谷，不能完全发挥现货市场作用。国内试点起步阶段大多采用用户侧报量不报价的方式，

成熟后引入用户侧报量报价的方式。

312. 电力现货市场有哪些价格形成机制？

目前国内外的主要电力现货出清价格形成机制采用边际出清价格机制，主要包括系统边际电价、分区边际电价和节点边际电价等具体价格形成机制。

（1）系统边际电价。系统边际电价是指在现货电能量交易中，按照报价从低到高的顺序逐一成交电力，使成交的电力满足负荷需求的最后一个电能供应者（称之为边际机组）的报价。系统边际电价是反映电力市场中电力商品短期供求关系的重要指标之一，是联系市场各方成员的经济纽带。系统边际电价模式适用于电网阻塞较少、阻塞程度较轻、阻塞成本低的地区。

（2）分区边际电价。实际运行中，电网不同区域之间可能发生输电阻塞，而在区域内部输电阻塞发生的概率较小或情况比较轻微。此时，可以采用分区边际电价，按阻塞断面将市场分成几个不同的区域（即价区），区域内所有的机组用同一个价格，即分区边际电价。分区边际电价模式适用于阻塞频繁发生在部分输电断面的地区，如北欧电力市场就是采用分区电价体系。

（3）节点边际电价。该模式适用于电网阻塞程度较为严重、输电能力经常受限的地区。节点边际电价也称为节点电价，计算特定的节点上新增单位负荷（一般为1MW）所产生的新增发电边际成本、输电阻塞成本和损耗，如图8-3所示。

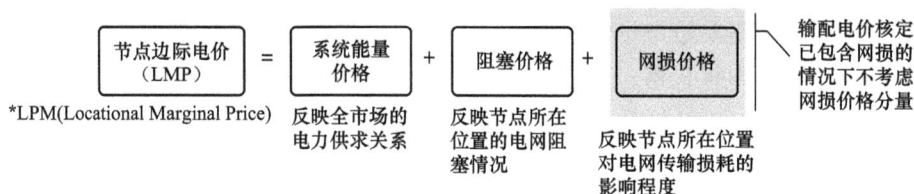

图 **8-3** 节点边际电价组成

313. 电力现货市场影响价格的因素有哪些？

（1）发电厂商电量成本。可分为容量成本和电量成本，其中容量成本包括发电厂的投资、运行和人工等固定成本，与发电量无关；电量成本则包括燃料、机组维护等成本，取决于发电量的大小。

（2）发电厂商市场力。在现货市场环境下，若发电厂商具有影响甚至操纵市场价格的能力，则称该发电厂商具有市场力。市场力会引导发电厂商通过进行策略性投标而不是降低自身成本来增加利润。

（3）输电阻塞。在理想的电力市场中，系统中任意节点的发电厂商均可以自由地向任意节点的负荷供电，保证市场最大的自由度。然而输电系统中，由于自身网络容量限制所导致的输电阻塞极大地限制了这种自由度。通常而言，发电厂商意识到自己所处位置的网络情况后，会通过报价来操纵节点电价，一般负荷口袋区的发电厂报价较高，而在负荷外送区的发电厂报价较低。

（4）市场供需比。电价通常由电力商品的供给曲线和需求曲线共同决定。

（5）其他因素。现货市场环境下，机组约束信息（包括爬坡约束、出力上下限约束、指定状态约束等）会影响各时段出清价格，同时系统备用容量（包括正、负备用容量需求）也会对节点电价产生影响。

314. 什么情况下节点电价超出机组申报价格区间？

由于输电线路阻塞的存在，节点电价在数值上未必与机组申报价格区间严格对应，在某些情况下，节点电价可能高于机组申报最高价格，也可能低于机组申报最低价格，甚至出现"负价"。

（1）场景一：节点电价高于最高申报价格（见图8-4）。

节点A和节点B分别有一台机组G1、G2，装机容量均为300MW，报价分别为300元/MWh和500元/MWh。节点B负荷为0，节点C负荷为450MW。三条输电线路电抗值均为0.1，限定线路AC的最大传输容量为240MW。求节点C的电价。

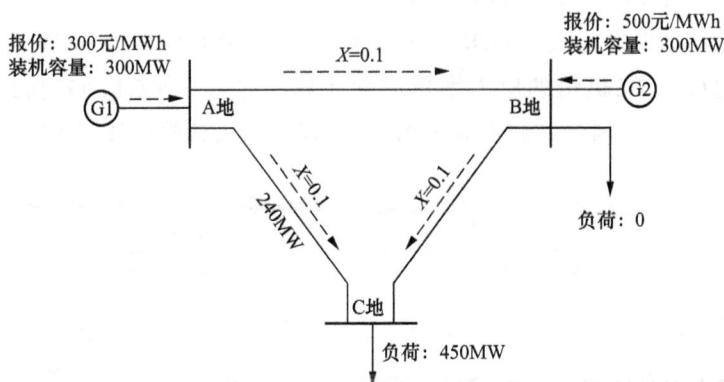

图8-4 场景一案例

首先分析最优调度情况，根据电路相关理论，并联线路中通过各并联支路的有功功率与线路的电抗近似成反比。

G1机组的发电出力可通过A→C和A→B→C两条路径传输给节点C，其中A→C路径流经线路AC。

G2机组的发电可通过B→C和B→A→C两条路径传输给节点C，其中B→A→C路径流经线路AC。

为使线路AC不过载，应使G1机组和G2机组流经线路AC的发电出力之和不超过其最大传输容量，则有

$$P_{G1} \times \frac{X_{AB} + X_{BC}}{X_{AB} + X_{BC} + X_{AC}} + P_{G2} \times \frac{X_{BC}}{X_{AB} + X_{BC} + X_{AC}} \leqslant 240\text{MW}$$

式中：P_{G1}、P_{G2}分别为G1、G2机组的发电出力。

为保证G1、G2机组的发电出力之和能够满足节点C的负荷需求，列出功率平衡方程，有

$$P_{G1} + P_{G2} = 450\text{MW}$$

根据经济调度原则，需使此时系统的总发电成本最小，即满足

$$\min \{P_{G1} \times C_1 + P_{G2} \times C_2\}$$

式中：C_1、C_2分别为G_1、G_2机组的报价。

联立以上三式求解得

$$P_{G1} = 270\text{MW}, \ P_{G2} = 180\text{MW}$$

出清结果为：G1发电出力270MW，G2发电出力180MW，此时G1、G2机组均未达到最大出力，可以调增或调减出力。

根据节点电价定义，为求节点C的电价，需要C处增加1MW负荷需求，此时针对G1、G2机组的出力增量进行计算，首先要使G1、G2机组流经线路AC的发电出力增量之和不大于0，方可保证出力调整后线路AC仍不过载。列出方程

$$\Delta P_{G1} \times \frac{X_{AB} + X_{BC}}{X_{AB} + X_{BC} + X_{AC}} + \Delta P_{G2} \times \frac{X_{BC}}{X_{AB} + X_{BC} + X_{AC}} \leqslant 0$$

为保证G1、G2机组的发电出力增量之和能够满足节点C增加的负荷需求，列出功率平衡方程为

$$\Delta P_{G1} + P_{G2} = 1\text{MW}$$

根据总发电成本最低的原则，需使此时系统增加的总发电成本最小，即满足

$$\min \{\Delta P_{G1} \times C_1 + \Delta P_{G2} \times C_2\}$$

联立以上三式求解得

$$\Delta P_{G1} = -1\text{MW}, \quad \Delta P_{G2} = 2\text{MW}$$

即节点C每增加1MW负荷，需要G1减少1MW出力，G2增加2MW出力。节点C的节点电价为

$$C = -1 \times 300 + 2 \times 500 = 700 \ (\text{元/MWh})$$

从本算例可知，系统中一些节点的电价可能会高于电厂的最高申报价格。

（2）场景二：节点电价低于最低申报价格（见图8-5）。

节点A和节点B分别有一台机组G1、G2，装机容量均为300MW，报价分别为300元/MWh和500元/MWh。节点B负荷为450MW，节点C负荷为0MW。三条输电线路电抗值均为0.1，限定线路CB最大传输容量为90MW。求节点C的电价。

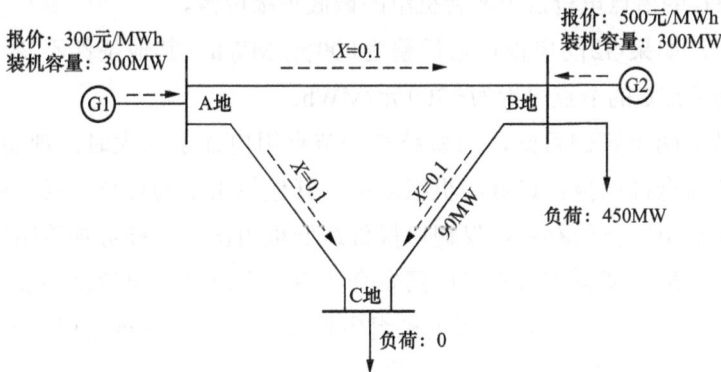

图8-5 场景二案例

计算方法与场景一案例相同，计算当前出清结果，列出方程式

$$P_{G1} \times \frac{X_{AB}}{X_{AB} + X_{BC} + X_{AC}} \leqslant 90\text{MW}$$

$$P_{G1} + P_{G2} = 450\text{MW}$$

$$\min \{P_{G1} \times C_1 + P_{G2} \times C_2\}$$

联立三式求解得

$$P_{G1} = 270\text{MW}, \quad P_{G2} = 180\text{MW}$$

出清结果为：G1发电出力270MW，G2发电出力180MW，此时G1、G2

机组均未达到最大出力，可调增或调减出力。

根据节点电价定义，为求节点C的电价，需要C处增加1MW负荷需求，此时针对G1、G2机组的出力增量进行计算，列出方程

$$-\Delta P_{G1} \times \frac{X_{AC}}{X_{AB} + X_{BC} + X_{AC}} - \Delta P_{G2} \times \frac{X_{AB} + X_{AC}}{X_{AB} + X_{BC} + X_{AC}} \le 0$$

$$\Delta P_{G1} + \Delta P_{G2} = 1MW$$

$$\min \{\Delta P_{G1} \times C_1 + \Delta P_{G2} \times C_2\}$$

联立求解得

$$\Delta P_{G1} = 2MW, \ \Delta P_{G2} = -1MW$$

即节点C每增加1MW负荷，需要G1增加2MW出力，G2减少1MW出力。节点C节点电价为

$$C = 2 \times 300 - 1 \times 500 = 100 \ (元/MWh)$$

节点C的节点电价低于两台机组的最低申报价格。

同理，如果G2的申报价格调整为800元/MWh，其他条件不变，则可以计算得到节点C的节点电价为-200元/MWh。

由以上两个算例可知，当系统某一节点用电需求增大时，理想状态下，增加的负荷全部由报价最低的机组承担，其他机组出力保持不变。而实际运行中由于输电阻塞的存在，仅调增报价最低机组出力可能会加重阻塞，需多台机组协同配合调整方可满足电网安全约束，此时节点电价由涉及的多台机组报价综合决定，可能出现超出机组申报价格区间，甚至出现"零价""负价"的情况。

315. 什么情况下节点电价会出现"零价"甚至"负价"？

除前文算例中由于输电线路阻塞导致的"零价""负价"外，以下两种情况也可能导致节点电价出现"零价""负价"。

（1）电厂避免停机造成的损失。系统负荷大幅下降或新能源大发等，使得全网电力竞价空间大幅压缩，机组由于存在最小技术出力，无法灵活调节以响应市场快速变化，市场供需失衡，此时调度端会安排部分机组停机。然而，机组频繁启停会加速设备老化，降低运行经济性，机组停机产生的损失较大，因此大量燃煤机组在面对停机需求时的报价策略，由通常情况下考虑边际成本的"逐利"模式，转换为避免停机损失的"自保"模式，选择承受

短时间的负电价以获得继续发电的机会，此时电厂每发一度电，将会向市场支付相应的费用。

（2）保证中长期合同顺利交割。电厂与用户签订中长期合同，机组在运行日处于开机状态，方可保证中长期合同顺利交割。若电厂认为中长期合同的收益较高，足够弥补负电价带来的损失，则有可能会在日前市场申报极低的价格甚至负价，以保证运行日顺利开机。当申报负价的机组较多时，可能会使部分节点出清"零价"甚至"负价"。

316. 电力现货市场对电网安全可靠性有哪些影响？

现货市场中市场成员的逐利性和最优性会把电网运行推向安全边界，电网运行安全边界将被压缩。现货市场引入之后，调度计划安排将在满足电网运行要求的前提下，以全网发电成本最低（或社会福利最大）为目标进行确定，这将导致为了输送低价的电力，某些输电线路在重载甚至满载状态下长距离输送，输电系统潮流分布的均衡性降低，增加了系统安全运行的风险。

由于市场成员申报行为的不确定性，基于报价的经济调度使得潮流模式频繁发生大幅度的变化，经常出现意料之外的调度模式，使得以没有预想到的、没有仔细分析过的潮流方式运行的机会增加，当零售侧的竞争也放开后，问题将会更加突出。

317. 河北南部电网电力现货市场架构是什么？

河北南部电网电力现货市场以《关于推进电力市场建设的实施意见》（发改经体〔2015〕2752 号）中提出的"集中式市场"为基本框架，采用现货电能量市场和辅助服务市场联合优化运行的市场架构。

现货电能量市场采用全电量竞价模式，基于节点边际电价确定发用两侧现货电能量市场价格；建设调频辅助服务市场和需求侧响应机制，与现货电能量市场联合出清。

市场时序上，在省内现货市场预出清的基础上参与省间现货市场交易，以省间现货市场交易结果作为边界条件，开展省内现货市场交易。

318. 河北南部电网电力现货市场与其他市场如何衔接？

（1）省间与省内现货市场衔接。河北南部电网省间交易遵循全国统一电力市场建设规范，"先省间、后省内"。省内现货市场预出清后，作为参与省间现货市场的边界条件。省间现货市场出清后，省内现货市场以省间现货市场的出清结果作为边界条件开展正式出清。

（2）中长期交易与现货市场衔接。省间中长期交易电量物理执行，作为现货市场的边界条件。省内中长期交易电量以"差价合约"形式参与现货市场交易，中长期交易电力曲线分解到日，作为现货结算的依据，不作为调度执行依据，如图8-6所示。

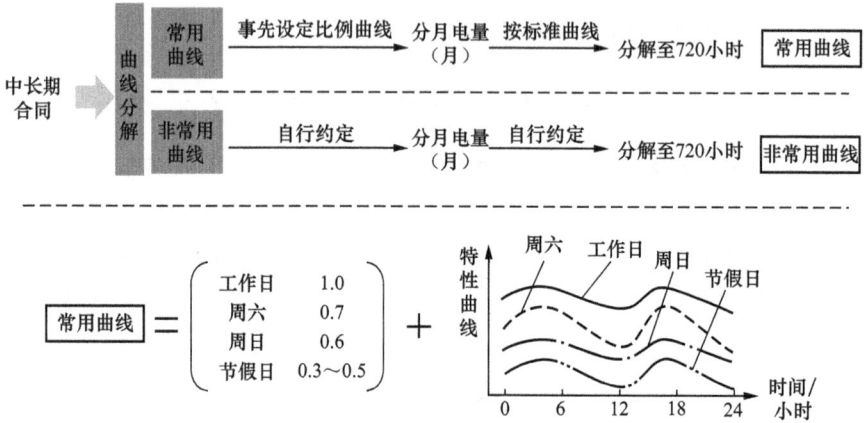

中长期合同 → 曲线分解

常用曲线 — 事先设定比例曲线 → 分月电量（月）— 按标准曲线 → 分解至720小时 → 常用曲线

非常用曲线 — 自行约定 → 分月电量（月）— 自行约定 → 分解至720小时 → 非常用曲线

$$\text{常用曲线} = \begin{pmatrix} \text{工作日} & 1.0 \\ \text{周六} & 0.7 \\ \text{周日} & 0.6 \\ \text{节假日} & 0.3\sim0.5 \end{pmatrix} + \text{特性曲线}$$

（特性曲线：周六、工作日、周日、节假日；时间/小时 0 6 12 18 24）

图 8-6　中长期交易电力曲线分解

（3）电能量市场和辅助服务市场衔接。电力现货市场运行初期，辅助服务市场主要包括调频市场。调频市场在日前机组组合确定后开展，采用集中竞价方式确定次日电网调频机组序列，调节电网负荷波动，保障电网实时发用电平衡和频率稳定。调频机组在保留必要的调频容量后可以继续参与现货电能量市场。

（4）电能量市场和需求侧响应机制衔接。需求侧响应机制在日前预测存在供电缺口时启动，用于激励用户侧可调节负荷主动参与电网调整，助力解决时段性电力短缺问题。需求侧响应机制采用集中竞价方式确定中标用户，并组织用户在中标时段削减用电负荷。

319. 河北南部电网电力市场成员包括什么？

市场成员包括市场主体、电网企业和市场运营机构三类，如图8-7所示。

市场主体包括各类发电企业、电力用户和售电公司，并适时引入独立辅助服务提供者。发电侧市场主体主要为省内燃煤机组，逐步推动新能源机组、燃气机组等参与现货市场。根据现货市场电力平衡、市场主体风险防控能力等情况，在自愿参与的基础上合理确定市场化用户参与现货电能量市场范围，并随现货电能量市场建设进度逐步扩大用电侧参与规模。

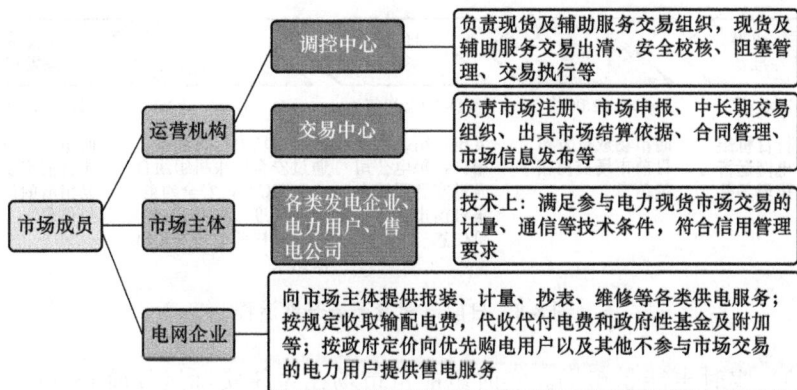

图 8-7　河北南部电网电力市场成员

电网企业应保障输配电设施的安全运行；为市场主体提供公平的输配电服务和电网接入服务；服从电力调度机构的统一调度，建设、运行、维护和管理电网配套技术支持系统；向市场主体提供报装、计量、抄表、维修等各类供电服务；按规定收取输配电费，代收代付电费和政府性基金及附加等；按政府电价政策向保障性用户以及代理的电力用户提供售电服务，签订和履行相应的代理购电合同。

市场运营机构包括电力调度机构和电力交易机构。电力调度机构按调度规程实施电力调度，负责电网安全和电力可靠供应，合理安排电网运行方式，编制和发布发电调度计划，按调度管理权限负责安全校核、现货交易管理、辅助服务交易管理，以及现货市场技术支持平台建设、运营、管理等工作。电力交易机构负责市场注册、市场申报、中长期交易组织、交易计划管理、合同管理、信用管理、出具结算凭证、市场信息发布、交易平台建设、运营、管理等工作。

320. 河北南部电网电力现货市场组织流程是什么？

（1）日前电能量市场。日前电能量市场初期交易组织采用"发电侧报量报价、用户侧报量不报价"模式，市场成熟后可以采用"发、用电侧报量报价"模式，如图 8-8 所示。

（2）日内机组组合调整。日内机组组合调整由电力调度机构结合实际情况适时开展。当电网运行边界条件发生变化，可能影响到电网安全、电力供应或新能源消纳时，应根据最新边界条件，基于发电机组日前市场报价，采用安全约束机组组合（SCUC）算法优化日内机组组合，调整机组开停机计划。

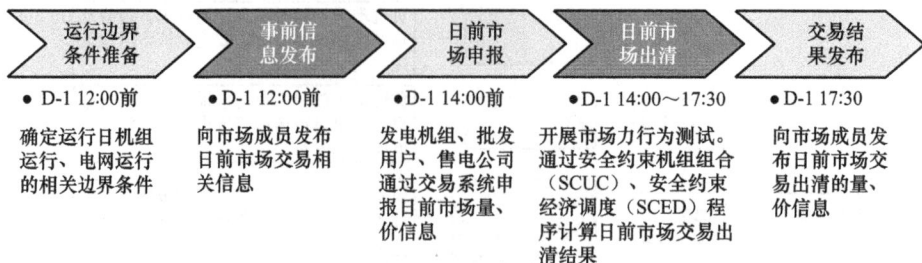

图 8-8 日前电能量市场开展流程

（3）实时电能量市场。实时电能量市场在系统实际运行前15min开展交易出清，滚动调整未来2h交易结果。实时电能量市场出清形成每15min的节点电价，如图8-9所示。

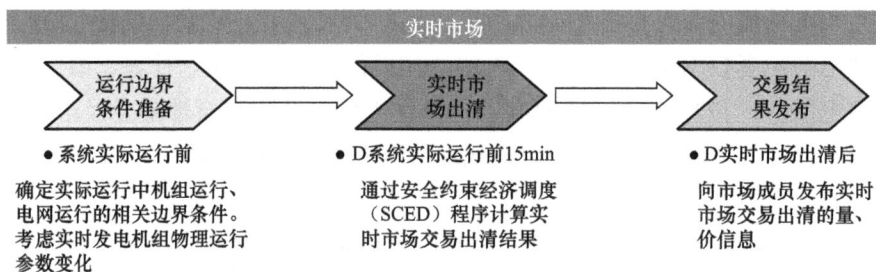

图 8-9 实时电能量市场开展流程

（4）辅助服务市场。调峰辅助服务与现货电能量市场融合，辅助服务市场主要包括调频市场。调频辅助服务市场在机组组合确定后开展，采用集中竞价方式确定次日电网调频机组序列，与现货电能量市场联合优化出清。

321．河北南部电网电力现货市场市场主体申报内容是什么？

竞价日（D-1）交易申报截止时间前，市场主体通过电力交易平台申报相关交易信息。

（1）发电侧。

1）容量200MW及以上燃煤机组。在现货电能量市场，采取"报量报价"方式，以机组为单位申报运行日的电力-价格曲线（最多10段），第一段申报起始出力不高于机组的最小技术出力，最后一段出力区间终点为机组的可调出力上限，每一个报价段的起始出力点必须为上一个报价段的出力终点，报价曲线必须随出力增加单调非递减。每连续两个出力点间的长度不能低于机组额定有功功率与最小技术出力之差的5%。

在调频辅助服务市场，以机组为单位，通过电力交易平台申报次日调频里程补偿价格，并确认机组有功出力上下限。

2）容量200MW以下燃煤机组。无须申报，采用中长期交易日分解曲线作为日前出清结果。

3）新能源场站。参与中长期交易的新能源场站采取"报量报价"方式申报，以场站为单位申报运行日的电力-价格曲线（最多5段）。第一段申报起始出力为0，最后一段申报出力终点为电站装机容量（对于扶贫商业混合新能源电站，其最后一段申报出力终点为电站商业部分装机容量），每一个报价段的起始出力点必须为上一个报价段的出力终点。报价曲线必须随出力增加单调非递减，每连续两个出力点间的长度不能低于1MW。申报的最大发电能力低于新能源预测出力的，将申报的最大发电能力至新能源预测出力部分按最后一段报价参与市场出清。

（2）售电公司和批发用户。采取"报量不报价"的方式，申报其代理用户或其自身在运行日的用电需求曲线（即运行日每小时内的平均用电负荷），参与现货市场出清和结算。

（3）电网企业。提供市场化交易用户典型曲线（最近一周工作日平均负荷曲线作为"典型工作日曲线"，周六日平均负荷曲线作为"典型周六日曲线"），参与现货市场出清。

322. 河北南部电网电力现货市场出清机制是什么？

河北南部电网电力现货市场基于市场成员申报信息以及电网运行边界条件，采用安全约束机组组合（SCUC）、安全约束经济调度（SCED）程序进行优化计算，出清得到日前市场交易结果。简单而言，就是在保证电网安全的前提下，优先调用系统中报价最为便宜的机组，直至满足负荷需求，如图8-10所示。

（1）日前电能量市场。采用全电量竞价、集中优化出清的方式开展。电力调度机构首先根据预测全网系统负荷曲线和营销中心提供的市场化用户总典型用电曲线，计算得出居民农业和代理购电用户的用电需求曲线；然后基于发用两侧市场成员申报信息以及运行日的电网运行边界条件，采用安全约束机组组合（SCUC）、安全约束经济调度（SCED）程序进行优化计算，出清得到日前电能量市场交易结果，出清结果用于市场交易结算；最后采用电力调度机构预测的全网系统负荷进行可靠性机组组合校验，出清得到发电机组组合和发电出力。

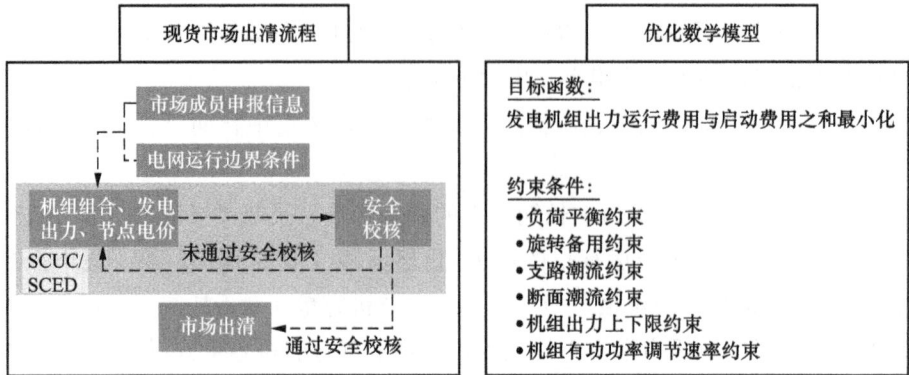

图 8-10　电力现货市场出清机制

（2）调频辅助服务市场。调频辅助服务市场在省内日前现货市场确定的机组组合基础上开展，根据系统所需的调频总速率，采取集中竞价、边际出清的组织方式，出清次日调频机组序列。

（3）实时电能量市场。电力调度机构基于最新的电网运行状态与超短期负荷预测信息，综合考虑发电机组运行约束条件、电网安全运行约束条件等因素，在机组实际开机组合和实际出力水平的基础上，以发电成本最小为优化目标，采用安全约束经济调度（SCED）算法进行集中优化计算，出清得到各发电机组未来2h内每5min的发电计划与每15min的实时节点电价。

323. 河北南部电网电力现货市场结算机制是什么？

河北南部电网电力现货市场采用两部制结算机制：中长期市场交易结果与日前市场出清结果进行第一次偏差结算，日前市场出清结果与实时市场出清结果进行第二次偏差结算。

（1）发电侧。

1）燃煤机组按照中长期合约分时电量和合约价格计算中长期合约电费；根据日前现货市场中标电量与中长期合约电量之间的差额，以及日前市场节点电价计算日前市场偏差电能量电费；根据实际分时上网电量与日前市场中标分时电量之间的差额，按照实时市场节点电价计算实时市场偏差电能量电费。

2）新能源场站按照中长期合约分时电量和合约价格计算中长期合约电费；根据日前现货市场中标电量的市场化部分与中长期合约电量之间的差额，以及日前市场节点电价计算日前市场偏差电能量电费；根据实际分时上网电量的市场化部分与日前市场中标分时电量市场化部分之间的差额，按照实时市场节点电价计算实时市场偏差电能量电费。

以燃煤发电机组为例，如图8-11所示。

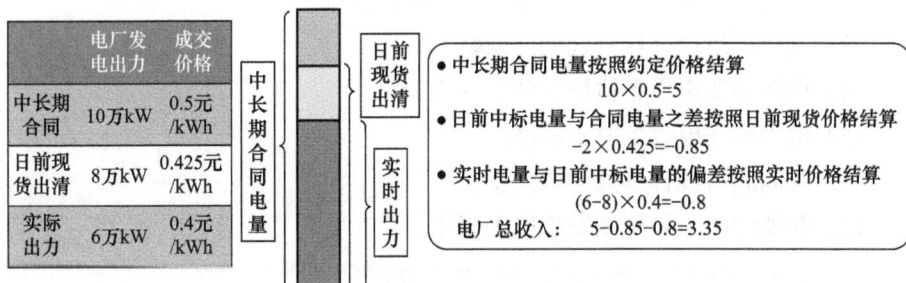

	电厂发电出力	成交价格			
中长期合同	10万kW	0.5元/kWh	中长期合同电量	日前现货出清	• 中长期合同电量按照约定价格结算 10×0.5=5 • 日前中标电量与合同电量之差按照日前现货价格结算 -2×0.425=-0.85
日前现货出清	8万kW	0.425元/kWh		实时出力	• 实时电量与日前中标电量的偏差按照实时价格结算 (6-8)×0.4=-0.8
实际出力	6万kW	0.4元/kWh			电厂总收入：5-0.85-0.8=3.35

图 8-11　燃煤发电机组结算机制

（2）用户侧。售电公司、批发用户及代理购电按照中长期合约分时电量和合约价格计算中长期合约电费；根据日前市场中标电量与中长期合约电量之间的差额，以及日前市场发电侧加权平均电价计算日前市场偏差电能量电费；根据实际分时用电量（代理购电实际分时电量等于发电侧市场化实际分时总电量减去市场化用户实际分时总电量）与日前市场中标电量之间的差额，以及实时市场发电侧加权平均电价计算实时市场偏差电能量电费。

324． 河北南部电网电力现货市场有哪些风险防控机制？

为保障现货市场的平稳运行，避免市场价格大幅波动，河北南部电网电力现货市场建立市场限价机制，由政府主管部门设置市场申报价格上下限和节点结算价格上下限。

为保障电网安全运行和电力可靠供应，河北南部电网电力现货市场建立市场中止机制，主要设置了三大类中止条件（内容涵盖"重大自然灾害、滥用市场力、电力严重短缺、重大电网事故、技术支持系统重大故障"等），明确市场中止后的处理措施，确保市场运营机构可以按照安全第一的原则处理事故和安排电力系统运行。

二、电力现货市场实时运行

325． 河北南部电网日内机组组合调整有哪些适用场景？

若电网运行边界条件发生重大变化，并且可能影响电网安全稳定运行、电力正常有序供应和清洁能源消纳，电力调度机构可以启动日内机组组合调整。

重大变化包括但不限于以下内容。

（1）因天气条件、实际负荷走势等发生较大变化而需要调整负荷预测。

（2）发生机组非计划停运（含出力受限）情况。

（3）发电机组检修计划延期或调整。

（4）电网输变电设备检修计划延期或调整。

（5）电网输变电设备发生故障。

（6）省间联络线计划发生较大变化。

（7）新能源出力较预测发生较大变化。

326.河北南部电网日内机组组合调整组织流程是什么？

电力调度机构根据电网运行的最新边界条件，采用安全约束机组组合（SCUC）、安全约束经济调度（SCED）算法进行优化计算，对运行日或当日的发电调度计划（含机组开机组合和机组出力计划）进行调整，得到机组开机组合、分时发电出力曲线，并将调整后的发电调度计划下发至各发电企业。日前市场形成的交易出清结果（含价格）不进行调整。

若电网运行边界条件在运行日之前发生变化，则对运行日全天96点的发电调度计划（含机组开机组合和机组出力计划）进行调整；如电网运行边界条件在运行日内发生变化，则对运行时段后第二个时段至运行日最后一个时段的调度计划（含机组开机组合和机组出力计划）进行滚动调整。

327.河北南部电网实时市场安全运行遵循的基本原则是什么？

电网实时运行应按照系统运行有关规定，保留合理的调频、调峰、调压及备用容量以及各输变电断面合理的潮流波动空间，满足电网风险防控措施要求，保障系统安全稳定运行和电力电量平衡。

电网实时运行中，当系统发生事故或紧急情况时，电力调度机构应按照安全第一的原则处理。处置结束后，受影响的发电机组以当前的出力点为基准，恢复参与实时电能量市场出清计算，电力调度机构应记录事件经过、计划调整情况等，并通过电力交易平台和调度运行技术支持系统向市场成员发布。

328.河北南部电网实时市场发生哪些紧急情况，调度机构可以根据电网运行需要进行调整？

（1）电力系统发生事故可能影响电网安全时。

（2）系统频率或电压超过规定范围时。

（3）系统调频容量、备用容量无法满足电力系统安全运行的要求时。

（4）电网超出稳定限额或输变电设备过载时。

（5）继电保护及安全自动装置故障，需要改变系统运行方式时。

（6）天气、自然环境等发生极端变化对电网安全产生影响时。

（7）电力设备缺陷影响电网安全时。

（8）风光、负荷预测与实际偏差较大，影响电力实时平衡时。

（9）省间联络线输送功率出现较大偏差需要调整时。

（10）电力调度机构为保证电网安全运行认为需要进行调整的其他情形。

329. 河北南部电网实时市场发生紧急情况时，调度机构可以采取哪些措施？

（1）改变机组的发电计划。

（2）让发电机组投入或者退出运行。

（3）调整设备停复投计划。

（4）调整省间联络线的送受电计划。

（5）投入或退出机组调频模式。

（6）让发电机组延迟投入或延迟退出运行。

（7）修正超短期风光出力预测、负荷预测。

（8）采取错峰限电方式控制负荷。

（9）暂停实时电能量市场交易。

（10）紧急负荷控制。

（11）电力调度机构认为有效的其他手段。

330. 河北南部电网实时市场火电机组控制模式有哪些？

（1）调频机组。自动发电控制系统（AGC）综合考虑"ACE、超短期负荷预测和联络线计划"计算调节需求量并分配给调频机组。在现货市场模式下，调节需求量按照调频机组"实时出力与调频基值"差值的大小，优先分配给差值大且调节方向与偏离基值方向反向的机组。

（2）电能量机组。实时市场提前15min滚动出清未来2h内每5min机组（包括调频机组与电能量机组）发电计划，电能量机组严格跟踪市场出清结果，调频机组将市场出清结果作为电力调频基值。调度员可以根据电网运行需要，临时征调电能量机组参与调频，增加电网调频容量，或退出调频机组调频模式，增加电网调峰空间。

（3）退出AGC运行机组。一般而言，退出AGC运行机组特指统调非市场化机组，机组不参与省内现货市场，其发电计划作为市场出清边界条件。实时运行中，机组按照日前发电计划曲线发电，调度机构可以根据电网运行需求，实时修正机组日内发电计划。

实时运行中，市场化机组因设备故障、参与深度调峰、机组试验等申请退出AGC运行，可灵活调整机组市场出清逻辑，包括跟踪市场出清结果、跟踪固定出力计划、跟踪实际出力等模式。

331. 河北南部电网实时市场新能源场站出清结果如何执行？

河北南部电网新能源场站按照"报量报价"方式参与省内现货市场。当新能源场站参与省间现货市场售电时，中标电力优先保障出清，预测出力扣减省间现货中标电力后，按照其申报的"量价曲线"参与省内现货市场。

新能源场站因报价过高导致预测出力未全量出清时，其严格跟踪市场出清结果。

新能源场站预测出力全量出清时，为避免因新能源预测偏差而导致的限制出力，按一定比例提高此类型新能源场站市场出清计划，释放新能源实际发电空间。

当电网消纳空间不足，被迫启动新能源弃限时，全网新能源消纳能力扣减省间现货中标电力后，按照新能源场站省内现货市场出清结果的比例进行分配。

332. 省间现货市场的功能是什么？

省间电力现货交易主要是指在落实省间中长期交易的基础上，利用省间通道剩余输电能力，开展省间日前、日内电能量交易，促进资源大范围优化配置和可再生能源大范围消纳。

333. 省间现货市场成员有哪些？

市场成员包括市场主体、市场运营机构和输电方。

市场主体包括电网企业、发电企业、电力用户及售电公司。初期可由电网企业代理非市场化用户参与省间现货市场购电，加快增强售电公司风险意识、推动用户侧参与省内现货交易、健全相关配套政策机制，逐步推动符合一定准入条件的电力用户、售电公司参与省间电力现货交易，优先鼓励有绿色电力需求的用户与新能源发电企业直接交易。

市场运营机构包括国调中心、网调、省调和北京电力交易中心、省级电力交易机构。

输电方为国家电网有限公司、内蒙古电力集团有限责任公司、国家电网有限公司各分部、各省级电网公司及其他电网公司。

334. 省间现货市场主体申报数据有哪些基本要求?

市场主体申报的分时"电力-价格"曲线应满足以下基本要求。

（1）每一交易时段（15min）可申报的分段曲线最多为5段。

（2）卖方市场主体申报的分段曲线要求为单调非递减曲线。

（3）买方市场主体申报的分段曲线要求为单调非递增曲线。

（4）申报电力最小单位为1MW，申报价格最小单位为1元/MWh。

（5）市场主体报价最低为0元/MWh，最高为10000元/MWh。政府主管部门可以根据市场运行情况对限价进行调整。

335. 省间现货市场出清机制是什么?

省间电力现货交易采用集中竞价的出清方式。

（1）买方市场主体在所在节点申报分时"电力-价格"曲线，考虑所有交易路径的输电价格和输电网损后，逐一折算到卖方节点。在卖方节点，买方市场主体折算后价格与卖方市场主体申报价格的差值为交易对价差。

（2）价差最大的交易对优先成交，存在多个价差相同的交易对时，成交电力按照交易申报电力比例进行分配。

（3）每达成一笔交易后，扣除该交易路径可用输电容量以及买卖双方申报队列中对应的申报量。

（4）按照价差递减原则依次成交，直至价差小于零或节点间交易路径可用输电容量等于零。

（5）卖方节点的出清价格为该节点最后一笔成交交易对中买方折算后价格与卖方申报价格的平均值。

（6）买方节点的出清价格为卖方节点价格叠加输电价格（含输电网损折价）。

336. 省间现货出清结果如何执行?

非现货试点地区和现货试点地区现货市场未运行期间，卖出电能量的发电企业按成交结果增加发电份额，买入电能量的售电公司和电力用户扣除其参与省内市场的买电需求。现货试点地区现货市场运行期间，省间电力现货交易卖方成交结果作为送端关口负荷增量，买方成交结果作为受端关口电源参与省内出清。

337. 跨省跨区电力应急调度启动条件是什么？

跨区日前应急调度应在省间日前电力现货出清后组织，跨区日内应急调度应在省间日内电力现货出清后组织。跨区应急调度的组织应满足区域内手段全部用尽、跨区通道有空间、区外具备支援能力等基本条件。

省级电力调度机构应依据本省实施细则，评估确定应急调度需求或应急调度资源，满足启动条件时发起应急调度申请。应急调度需求规模应不超过省间电力现货出清后的剩余申报电力规模。

区域电力调度机构收到相关省的应急调度申请后，依据区域内相关实施细则，评估确定相关省是否发起跨区应急调度申请。发起跨区应急调度申请时，应明确到相关省的跨区应急调度送受电需求。

338. 跨省跨区电力应急调度组织流程是什么？

各级电力调度机构调度计划专业负责日前应急调度的申请和组织实施，调度运行专业负责日内应急调度的申请和组织实施。

（1）跨区日前应急调度按以下流程组织实施。

1）准备阶段。各区域电力调度机构组织区域内省级电力调度机构，按省间日前现货出清前边界开展平衡分析，做好跨区应急调度准备工作。

2）省间日前现货出清阶段。完成省间日前现货交易集中出清。

3）跨区日前应急调度启动阶段。

a. 各区域、省级电力调度机构根据省间日前现货出清结果，更新平衡边界，确定应急调度需求、应急调度资源。

b. 相关区域、省级电力调度机构依据相关实施细则，发起跨区日前应急调度申请。

4）跨区日前应急调度组织阶段。

a. 国调中心依据《跨省跨区电力应急调度管理办法》的规定组织实施跨区日前应急调度，完成跨区应急调度电力的省间调配。

b. 应急调度组织过程应确保不造成支援方安全风险、电力电量平衡缺口，不增加支援方清洁能源弃电量（保清洁能源消纳场景下）。各级电力调度机构要按调管范围做好安全校核。

5）跨区日前应急调度审核阶段。跨区日前应急调度组织结果下发前，须经国调中心相关专业会商通过，并报国调中心分管负责人审核同意。

6）跨区日前应急调度下发执行阶段。跨区日前应急调度结果随跨区日前发输电计划一并下发。执行过程中，如出现可能影响支援方安全、平衡或清洁能源消纳（保清洁能源消纳场景下）的情况，应急调度组织方在收到相关单位申请后可视情况调减或取消，申请方应于事后做出正式说明。

（2）跨区日内应急调度按以下流程组织实施。跨区日内应急调度的组织实施采用与省间日内现货相同的固定周期。

1）准备阶段。各区域电力调度机构组织区域内省级电力调度机构，按省间日内现货出清前边界开展平衡分析，做好跨区应急调度准备工作。

2）省间日内现货出清阶段。完成省间日内现货交易集中出清。

3）跨区日内应急调度启动阶段。

a. 各区域、省级电力调度机构根据省间日内现货出清结果，更新平衡边界，确定应急调度需求、应急调度资源。

b. 相关区域、省级电力调度机构依据相关实施细则，发起跨区日内应急调度申请。

4）跨区日内应急调度组织阶段。

a. 国调中心依据《跨省跨区电力应急调度管理办法》的规定组织实施跨区日内应急调度，完成跨区应急调度电力的省间调配。

b. 应急调度组织过程应确保不造成支援方安全风险、电力电量平衡缺口，不增加支援方清洁能源弃电量（保清洁能源消纳场景下）。各级电力调度机构要按调管范围做好安全校核。

5）跨区日内应急调度审核阶段。跨区日内应急调度组织结果下发前，须经国调中心当值调度运行值班负责人审核确认。

6）跨区日内应急调度下发执行阶段。跨区日内应急调度结果随跨区日内发输电计划一并下发。执行过程中，如出现可能影响安全、平衡或支援方清洁能源消纳（保清洁能源消纳场景下）的情况，应急调度组织方在收到相关单位申请后可视情况调减或取消，申请方应于事后做出正式说明。

339. 跨省跨区电力应急调度调配原则是什么？

跨区应急调度电力调配坚持推动优先以市场化方式形成电能价格和开展资源配置的原则，统筹全网资源实现优化互济，确保公平性和公正性。一般情况下，优先以应急调度需求方、支援方的省间电力现货出清后剩余申报电力的量、价作为依据，考虑输电价格和网损折价后按购入方、送出方价差大小由高到低依次调配，价差相同时按申报比例调配。

保平衡场景下的跨区应急调度，应急调度需求方按省间电力现货剩余申报电力的报价由高到低顺序参与调配，应急调度支援方按省间电力现货剩余申报电力的报价由低到高顺序参与调配；当支援方应急调度资源规模超过其省间电力现货剩余申报电力规模时，超出部分以全网统一的高于省间电力现货报价上限的价格为调配依据最后参与调配。

保清洁能源消纳场景下的跨区应急调度，应急调度需求方按省间电力现货剩余申报电力的报价由低到高的顺序参与调配，应急调度支援方按省间电力现货剩余申报电力的报价由高到低的顺序参与调配；当支援方应急调度资源规模超过其省间电力现货剩余申报电力规模时，超出部分以全网统一的低于省间电力现货报价下限的价格为调配依据最后参与调配。

340. 跨省跨区电力应急调度的价格机制是什么？

（1）为消除安全风险、电力电量平衡缺口，开展应急调度时，按照鼓励支援的原则，应急调度按照以下方式形成价格和进行结算。

1）送出方电厂上网电价取下列价格的高者：①送出方省内现货价；②送出方省间现货市场送出方价格；③按照购入方省内现货价格扣减输电价格、线损折价后倒推至送出方的价格。

2）对于送出方没有省内、省间现货价格或未开展省内、省间现货市场的情况，送出方电厂上网电价按送出方当地燃煤发电基准价的 K 倍结算（K 暂定 1.2）。

3）送出方电厂上网电价叠加输电价格、线损折价后形成购入方落地价格。

（2）为保障清洁能源消纳，开展应急调度时，按照鼓励消纳的原则，应急调度按照以下方式形成价格和进行结算。

1）送出方电厂上网电价取下列价格的低者：①按照购入方省内现货价扣减输电价格、线损折价后倒推至送出方的价格；②按照购入方在省间现货市场中所有购入价格的低者，扣减输电价格、线损折价后倒推至送出方的价格。送出方电厂上网电价最低为零。

2）对于购入方没有省内、省间现货价格或未开展省内、省间现货市场的情况，送出方电厂上网电价暂按照购入方当地燃煤发电基准价的 K 倍（K 暂定为 0.8）扣减输电价格、线损折价后倒推至送出方的价格结算。送出方电厂上网电价最低为零。

3）送出方电厂上网电价叠加输电价格、线损折价后形成购入方落地价格。

341. 河北南部电网参与跨省跨区应急调度组织的流程是什么？

（1）准备阶段：河北省调依据本地配套细则，按省间现货出清前边界评估测算并向华北网调报送应急调度需求和资源，华北网调汇总审核后报送国调中心。须启动应急调度需求时，河北省调向华北网调同步提交应急调度申请，并签章确认。

（2）华北区域内应急调度阶段：待省间现货交易出清后，河北省调更新应急调度需求和资源，在市场化手段用尽后，仍存在应急调度需求时，发起应急调度申请，由华北网调组织实施华北区域内的应急调度。

（3）跨区应急调度阶段：河北省调在区域内开展措施后，更新应急调度需求和资源，经华北网调汇总审核后，向国调中心报送跨区应急调度需求和资源，由国调中心组织实施跨区应急调度。须启动跨区应急调度需求时，华北网调、河北省调向国调中心同步提交应急调度申请，并签章确认。

（4）应急调度下发执行阶段：跨区应急调度结果随跨区发输电计划一并下发执行，华北区域内应急调度结果随省间联络线计划一并下发执行。执行过程中，若出现可能影响支援方安全、平衡或清洁能源消纳（保清洁能源消纳场景下）的情况，应急调度组织方在收到相关单位申请后可视情况调减或取消已组织的应急调度，申请方应于事后做出正式说明。

342. 河北南部电网参与跨省跨区应急调度的费用分摊办法是什么？

河北南部电网电力供应有缺口或有消纳空间时，应急购电产生的损益计入电网公司购电成本，其中纳入电网企业为保障居民、农业用电价格稳定产生的新增损益，按月由全体工商业用户分摊或分享。其余部分由代理工商业用户承担。

河北南部电网清洁能源消纳困难时，应急送电电量优先由集中式新能源场站分摊（扶贫光伏电站不参与），当集中式新能源在扣除省间现货中标量后的上网电力低于应急调度送电电力时，不足部分由网内主力燃煤电厂分摊。

河北南部电网有支援能力时，应急送电电量由主力燃煤发电企业按应急调度时段实际上网电量扣除对应时段省间现货市场中标电量后的比例分摊。

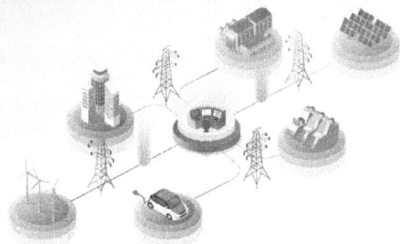

第九章 电网在线安全分析

一、电网稳定分类及分析内容

343. 电力系统稳定性分为哪几类?

GB38755—2019《电力系统安全稳定导则》根据电力系统失稳的物理特性、受扰动的大小以及研究稳定问题应考虑的设备、过程和时间框架,通常将电力系统稳定性划分为功角稳定、电压稳定和频率稳定三大类以及若干子类,如图9-1所示。

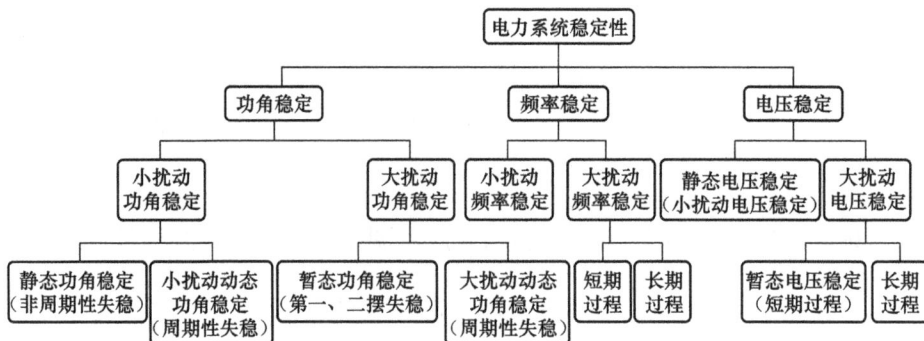

图 9-1 电力系统稳定性分类

344. 电力系统失稳特征表现分别是什么?

电力系统失稳特征表现见表9-1。

表 9-1 电力系统稳定定义及失稳特征表现

稳定分类		稳定水平定义	失稳特征表现
功角稳定	小扰动功角稳定	电力系统遭受小扰动后保持同步运行的能力,它是由系统的初始运行状态决定的	转子同步转矩不足引起的非周期性失稳以及阻尼转矩不足引起的转子增幅振荡失稳

稳定分类		稳定水平定义	失稳特征表现
功角稳定	大扰动功角稳定	电力系统遭受严重故障时保持同步运行的能力，它由系统的初始运行状态和受扰动的严重程度共同决定	非周期性失稳和振荡失稳
电压稳定	小扰动电压稳定	电力系统受到诸如负荷增加等小扰动后，系统所有母线维持稳定电压的能力	系统电压长时间不能恢复至正常范围
	大扰动电压稳定	电力系统遭受大扰动，如系统故障、失去发电机或线路之后，系统所有母线保持稳定电压的能力	
频率稳定	小扰动频率稳定	电力系统受到小扰动后，系统频率能够保持或恢复到允许的范围内，不发生频率振荡或崩溃的能力	系统频率长时间不能恢复至正常范围
	大扰动频率稳定	电力系统受到大扰动后，系统频率能够保持或恢复到允许的范围内，不发生频率振荡或崩溃的能力	

345. 电力系统的三级安全稳定标准指什么？

第一级安全稳定标准（保持稳定运行和电网的正常供电）：正常运行方式下的电力系统受到单一故障扰动后，保护、开关及重合闸正确动作，不采取稳定控制措施，应能保持电力系统稳定运行和电网的正常供电，其他元件不超过规定的事故过负荷能力，不发生连锁跳闸。

第二级安全稳定标准（保持稳定运行，但允许损失部分负荷）：正常运行方式下的电力系统受到较严重的故障扰动后，保护、开关及重合闸正确动作，应能保持稳定运行，必要时允许采取切机和切负荷、直流紧急功率控制、抽水蓄能电站切泵等稳定控制措施。

第三级安全稳定标准（当系统不能保持稳定运行时，必须尽量防止系统崩溃并减少负荷损失）：电力系统发生稳定破坏时，必须采取失步/快速解列、低频/低压减载、高频切机等措施，避免导致长时间大面积停电和对重要用户（包括厂用电）的灾害性停电，使负荷损失尽可能减少到最小，电力系统应能尽快恢复正常运行。

346. 什么是离线安全分析？

离线安全分析主要用于电网规划研究、年度方式研究、检修方式安排、稳定控制策略研究等，为具有典型性、代表性，通常选用一些典型方式，如夏季大方式、冬季小方式、水电大发及枯水方式、正常方式、检修方式等。由于传统离线计算都是基于极端典型方式，计算中往往又留有较大裕度，计算条件与实际运行情况可能差别较大，因此导致多数情况下计算结果趋于保守。对于日常调度运行或稳定控制策略来说，过于保守的计算结果将使电网运行效益降低，不利于提高电网输电能力。

347. 什么是在线安全分析？

在线安全分析是实现大电网动态安全评估的核心技术。它是基于实时数据，从稳态、动态、暂态等多角度，进行在线安全评估以及稳定裕度评估，在一定程度上实现了大电网运行的全面安全预警和多维多层协调的主动安全防御。

在线安全分析从网络分析应用获取在线数据，基于高性能的并行计算平台进行仿真分析，并把电网存在的安全隐患通过综合智能告警应用进行预警展示。在线安全分析包括在线静态安全分析、在线短路电流分析、在线小干扰稳定分析、在线电压稳定分析、在线暂态稳定分析、在线稳定裕度评估和在线直流预想故障分析。

348. 在线安全分析有哪些特点？

（1）实现更短周期的方式计算。离线安全稳定分析往往基于典型方式，无法根据当前电网运行状态进行分析计算，分析时效性不足。在线安全分析可以大大缩短计算周期，解耦不同运行时段之间控制要求的矛盾，为电网运行提供更加科学有效的依据。

（2）实现与运行控制有机衔接的计划校核。通过在线分析技术，可以结合相似日、相同时段的基础潮流数据，形成日前计划潮流方式，实现全网各断面有功计划的量化安全校核，同时，还可以解决无功计划不详实的问题，为无功计划的统筹安排提供手段。

（3）为事故处理提供科学决策。基于在线安全分析平台，可以依据实际运行工况或超短期预测编制事故预想，为多重故障提供临时限额依据，可以实现多级调度一体化的分析与决策。

（4）实现超短期电网运行趋势探究。基于当前新能源实时出力波动性大、跨区跨省交易数量较多、日内计划调整频繁、电网运行方式变化较大等特点，在线安全分析已拓展到未来态模式。基于未来态潮流的安全分析应用，可以帮助调控运行人员超前进行安全分析，预估电力系统稳定性发展趋势，实现未来态预警并提供辅助决策信息，实现从传统事故告警处置向预警预控的模式转变，对保障电网安全稳定运行具有重要意义。

349. 什么是在线静态安全分析？

在线静态安全分析是基于实时电网运行工况，进行全网$N-1$开断故障或特定预想故障后的潮流计算，计算各元件或断面的过载安全裕度，从而得到设备过载、断面功率越限和母线电压越限的评估结果。潮流计算一般采用P-Q分解法和牛顿-拉夫逊法。此外，在静态安全分析过程中，需要考虑故障元件开断后安全自动装置的动作行为。

350. 在线静态安全分析主要有哪些方法？

由于不涉及元件动态特性和电力系统的动态过程，静态安全分析实质上是电力系统运行设备开断后的潮流分析问题。由于需要校验的预想故障规模庞大，在线静态安全分析通常采用并行计算方式，根据预想故障修改并形成故障后方式，再进行潮流计算，进而获得设备过载、断面越限和电压越限评估结果。为减小在线分析故障集规模，提升在线计算效率，通常采用补偿法、灵敏度法进行静态安全分析故障筛选。为提高在线静态安全分析准确性，需要考虑故障后一次调频特性进行不平衡功率分摊，计及直流功率转带，交流滤波器切除，第二、三道防线动作策略等因素进行故障后潮流计算。

351. 什么是在线短路电流分析？

在线短路电流计算基于实时电网运行工况和网络拓扑信息，以给定的电网潮流计算结果为基础，考虑发电机电势和负荷电流的影响，计算系统发生单相或三相短路故障后流经短路点的故障电流，校验其是否超出了相关开关的开断能力。

352. 在线短路电流分析主要有哪些方法？

在线短路电流计算方法与离线短路电流计算并无本质区别，在线短路电流计算实用化应用算法如下。

（1）流经开关短路电流分析。由于无法获取厂站内各设备的拓扑连接关系，离线方式的短路电流计算仅能给出计算节点的短路电流计算结果，无法确定流经具体设备的短路电流大小，因此在校验设备遮断容量是否满足实时运行方式要求时存在一定的局限性。在线方式下，能够基于状态估计数据获取厂站内开关、刀闸信息，进而通过拓扑分析获取各设备连接关系，计算实际物理母线或线路短路后流经不同开关的短路电流，准确校核开关的遮断容量是否能够满足电网不同运行方式的要求。

（2）分区合环短路电流分析。为限制短路电流超标，消除电磁环网带来的设备功率越限等安全隐患，电力系统在发展过程中逐渐形成了分层分区的供电模式。在负荷高峰期间，存在供电分区关键元件故障后其他元件过载的情况，调度运行人员通常通过投入相邻分区热备线路实现分区合环运行，以消除元件过载情况，因此有必要对分区合环运行后的短路电流进行分析，以校验分区合环运行方式是否满足设备短路电流要求。

353. 什么是在线小干扰稳定分析？

在线小干扰稳定分析以电网实时运行工况为基础，结合电网安全稳定计算模型和参数，对系统进行线性化，形成描述线性系统的状态方程，通过求解状态矩阵的特征值和特征相量，计算电网的振荡模式，并从中筛选出若干主导振荡模式，主要包括阻尼比、振荡频率、振荡模态、参与因子、机电回路比、参与机组等核心指标。

354. 在线小干扰稳定分析主要有哪些方法？

（1）特征值分析法。特征值分析法是对系统线性化后，通过对系统状态矩阵的求解，使用特征值和特征向量来表述和分析系统的稳定性。目前主要采用 $Q\text{-}R$ 算法和隐式重启动的 Arnoldi 算法计算特征值，由于 $Q\text{-}R$ 算法受节点数的限制，因此目前在线小干扰稳定分析更多的是采用隐式重启动的 Arnoldi 算法。

（2）时域法。时域法即数值仿真法，利用非线性方程的数值计算方法，描绘出系统变量完整的时间响应。时域法来源于电力系统暂态稳定分析方法，其特点是需要对系统展开足够长时间的仿真，且扰动和时域响应观测量的选择对分析结果影响很大，因此未在在线分析中广泛应用。

355. 什么是在线电压稳定分析？

在线电压稳定分析基于电网实时运行数据，分析电力系统受到一定扰动后各负荷节点维持原有电压水平的能力。根据受到扰动的大小，电压稳定分为静态电压稳定和大扰动电压稳定。

356. 在线电压稳定分析主要有哪些方法？

目前实用化的电压稳定分析程序基本采用了静态分析方法，包括 $P\text{-}V$ 曲线法、灵敏度分析法、潮流多解法、雅可比矩阵奇异法等，在线电压稳定分析主要采用*P-V*曲线法。*P-V*曲线法基于电网实时潮流数据计算。其基本方法是：在指定输电断面数据和潮流调整方式的基础上，逐渐增加传输功率直至系统临近电压崩溃；根据不同功率调整量和指定区域电压绘制*P-V*曲线，得到各断面对应的静态电压稳定裕度。

357. 什么是在线暂态稳定分析？

在线暂态稳定分析基于电网在线潮流数据，根据暂态稳定预想故障集进行详细的仿真计算，研究电力系统受到大干扰后各发电机保持同步运行并过渡到稳态运行方式的能力，给出安全分析结果（暂态功角稳定性、暂态电压稳定性和暂态频率稳定性）。

（1）暂态功角稳定分析。暂态功角稳定分析是研究系统在某一正常运行状态下受到大扰动后，各发电机保持同步运行并过渡到新的稳态或恢复到原来稳态运行方式的能力，电力系统的暂态功角稳定从本质上说是作用于发电机转子的电磁转矩和机械转矩平衡的问题。

（2）暂态电压稳定分析。暂态电压稳定分析主要研究电力系统遭受大扰动后短期过程内不发生电压崩溃的能力，用于分析快速的电压崩溃问题，其物理意义是系统是否有能力抑制各种扰动出现的各种电压偏移，维持系统的负荷电压水平。暂态电压稳定涉及一些快速元件的动作响应，如同步发电机及其自动电压调节器、调速器、高压直流元件和SVC等相关元件的响应。

（3）暂态频率稳定分析。暂态频率稳定分析主要考察电力系统在遭受扰动后短期内的频率变化过程是否超出机组、用电设备的安全运行范围，是否引发潜在的连锁故障。当系统遭受严重扰动导致发生大的功率不平衡时，系统频率可能出现超过正常运行允许值的较大偏移，并引发频率失稳和系统崩溃。

358. 在线暂态稳定分析主要有哪些方法？

（1）时域仿真法。时域仿真法通过数值积分来复现系统动态过程，其基本思想是用数值积分技术求出描述受扰运动微分方程组的时间解，再根据各发电机转子之间相对角度的变化判断系统的稳定性。

时域仿真法的特点是：可以处理任何非线性因素和复杂场景，并得到系统的精确轨迹；但该方法计算量大，紧密依赖于专家经验，目前只能给出该算例是否稳定的定性信息。

（2）扩展等面积法（EEAC）。扩展等面积法是研究电力系统暂态稳定问题的一种定量分析方法，能够量化分析电力系统暂态稳定性。它对包括故障后时段在内的全部实际受扰过程进行积分，得到系统在高维空间中的运动轨迹，并通过互补群惯量中心相对运动（Complementary-Cluster Center Of Inertia-Relative Motion，CCCOI-RM）变换，将其聚合为一系列单自由度运动系统的数值映象，并在其扩展相平面上进行量化分析，然后按最小值准则对所有映象的稳定信息进行聚合，就可以得到原高维系统严格的量化稳定信息。扩展等面积法可以考虑所有的非线性、非自治因素，并且能考虑任意复杂的场景，这样保证了它不仅能够严格地量化分析电力系统暂态稳定问题，而且具有与数值积分法相同的模型适应能力。

359. 什么是在线稳定裕度评估？

在线稳定裕度评估根据电网实时运行状态、模型和参数及预想故障场景，通过不断调整输电断面的传输功率，在满足静态安全、静态稳定、暂态稳定、动态稳定等约束的条件下，计算输电断面的极限功率。目前功率的调整方式主要有：①送（受）端发电出力增加（减少）；②送（受）端负荷减少（增加）；③其他调整方式。

在线稳定裕度评估主要包括在线静态安全裕度、在线静态稳定裕度、在线暂态稳定裕度、在线动态稳定裕度四个方面的评估。

360. 在线稳定裕度评估可以分为哪两个阶段？

在线稳定裕度评估分成搜索阶段和校验阶段两个阶段。搜索阶段计算各个分挡潮流结果。校验阶段针对搜索阶段计算出的断面分挡潮流结果，依据提交的校核案例、限额等参数，通过静态安全、静态稳定、暂态稳定、动态稳定等安全稳定校核，给出对应的约束情况。约束情况包括：热稳定限值、静态安全约束的切除元件及越限元件，暂态稳定约束的故障描述、关键机组和母线，动态稳定时域仿真约束的故障描述、扰动后的振荡频率、阻尼比及主要振荡机群，静态电压稳定约束的电压薄弱点和薄弱断面的电压情况。得到满足所有安全稳定约束的断面潮流最大值，即得到输电断面的最大可用输送功率，完成稳定裕度评估。

361. 什么是在线直流预想故障分析？

在线直流预想故障分析基于电网在线潮流数据，通过模拟直流系统发生预想故障或对交流系统短路故障产生响应，并考虑稳定控制、系统保护、低频低压减载、高频切机、失步解列等安自装置动作，对系统动态过程进行仿真分析，评估直流送受端交流电网潮流越限、频率稳定、电压稳定、功角稳定等。

362．直流输电系统仿真分析的理论方法可分为哪几类？

目前直流输电系统仿真分析的理论方法可以分为机电暂态仿真、电磁暂态分析、机电电磁混合分析三类。其中：电磁暂态仿真算法受模型和参数的限制，计算规模一般较小，模拟多回直流时计算速度慢，时间长，因此主要适用于研究局部电网或设备的详细暂态过程（如直流控制保护定值分析、过电压研究等），不能满足交直流大电网的在线仿真要求；机电电磁混合仿真算法具备电磁暂态仿真和机电暂态仿真两者的优点，已应用于电网运行方式离线仿真分析工作，但由于其复杂的模型参数仍需依赖专家经验进行人工调整，自动化程度较低，因此目前还无法满足在线计算分析的应用要求；机电暂态仿真算法成熟，仿真规模大，速度快，对直流换相失败等故障模拟满足在线分析应用需求。

363．在线直流预想故障分析主要有哪些方法？

（1）直流短路比计算。对于多直流馈入的交流系统，需要在线评估交流系统与直流系统之间的强弱关系，直流短路比就是反映交直流系统相对强弱关系的重要指标。

（2）直流系统在线仿真建模。对直流控制保护系统各环节进行详细建模是交直流故障下电网安全稳定特性分析、策略适应性分析的基础。直流控制保护系统的主要环节包括极功率和电流控制、过负荷控制、无功电压控制、直流保护等。

（3）交直流交互影响全过程仿真。交直流交互影响全过程仿真涉及系统保护、安全自动装置和常规机组、新能源涉网保护定值等，能够准确模拟源发性故障后由于交直流耦合、送受端耦合导致的电网连锁反应，从而为辨识连锁故障演化路径、评估电网安全稳定性、分析新能源脱网及负荷损失情况奠定基础。

二、在线安全分析实践

364．在线安全分析分为哪三种模式？

在线安全分析分为在线实时分析、在线研究分析和在线未来态分析三种模式。

（1）在线实时分析是指借助并行计算平台，自动对电网实时运行工况进行安全扫描，分析电网安全稳定水平，评估电网安全稳定裕度；同时针对扫描发现的安全隐患，及时给出告警和运行控制辅助决策信息。

（2）在线研究分析是指基于实时数据或保存的历史断面数据，通过对电网运行方式的调整，形成待研究的电网运行方式，并从静态、暂态、动态等多个方面，分析和推演待研究电网运行方式的安全稳定状况，寻找可能的安全稳定问题及成因，并研究解决方法。

（3）在线未来态分析是指根据电网当前运行情况，结合发电计划信息、系统预测负荷信息、母线预测负荷信息、分省总交换计划、直流联络线计划和设备检修计划等日内计划数据，生成未来态潮流，超前进行安全分析，预估电力系统稳定性问题和发展趋势，实现未来态预警并提供相应的辅助决策信息。

365. 在线安全分析的三种模式有何区别？

在线安全分析三种模式的区别详见表9-2。

表 **9-2** 在线安全分析的三种模式

模式	实时分析模式	研究分析模式	未来态分析模式
数据来源	在线数据	在线数据	在线数据、计划数据
分析对象	当前运行方式	任意运行方式（过去或未来可能出现的情况）	未来运行方式
潮流调整	不允许	允许	允许
模型参数修改	不允许	不允许，可以浏览或检查	允许
分析过程	周期自动完成	用户人工完成	周期自动完成/用户人工完成

366. 什么情况下应启动电网在线实时分析计算？

电网实时分析以5min为周期开展，扫描故障应包括上级调控机构公共故障集中与本网有关的故障及自定义故障集，自动对电网实时运行工况进行安全扫描。

367. 什么情况下应启动电网在线研究态分析计算？

（1）重大倒闸操作前、发受电计划大幅度调整前等情形。

（2）出现特殊负荷日、特殊检修日、特殊气象日等情形。

（3）进行电网风险分析，制定电网故障处置预案时。

（4）电网发生跨区跨省直流闭锁、220kV以上设备N−2同时跳闸后分析，并与电网实际运行状态（WAMS曲线等）进行比对时。

（5）实时分析、未来态分析中出现告警信息的情况。

（6）现货交易系统、大电网运行指标体系等其他应用发出告警，需要进一步分析时。

（7）其他需要进行预想方式分析的情况。

368. 什么情况下应启动电网在线未来态分析计算？

（1）周期启动：未来态分析应以15min为周期自动开展。

（2）手动启动：当出现现货交易出清、联络线计划调整等电网方式变更时，安全分析工程师应手动开展在线未来态分析计算。

369. 不同电压等级暂态稳定计算的故障切除时间如何设置？

根据电力系统安全稳定计算规范，故障切除时间为从故障起始至开关断弧的时间，主要包括保护动作时间、中间继电器时间和开关全开断时间等，应按以下数据选取：

（1）220kV线路：近故障点侧0.12s，远故障点侧0.12s。

（2）500kV线路：近故障点侧0.09s，远故障点侧0.1s。

（3）1000kV线路：近故障点侧0.09s，远故障点侧0.1s。

不同电压等级的母线、变压器的故障切除时间应按同电压等级线路近端故障切除时间选取。特殊方式时保护动作时间应按实际整定值选取。

370. 基于潮流和基于方案的短路计算有何区别？

短路电流计算可以基于给定的潮流方式，也可以基于方案计算。前者以潮流计算结果为基础，基于潮流计算结果的各节点电压值进行短路电流计算；后者不基于潮流方式，按设定的节点电压系数进行短路电流计算。二者均可以涉及发电机、负荷、容抗器、网络拓扑参数等因素。目前，在线短路电流分析计算主要采用基于给定的潮流方式。

371. 什么是短路比、直流短路比、新能源场站短路比？

（1）短路比：系统短路容量与电气设备容量的比值。

（2）直流短路比：换流站交流母线的短路容量与直流换流器额定容量的

比值。

（3）多馈入直流短路比：直流馈入换流母线的短路容量与考虑其他直流回路影响后的等值直流功率的比值。

（4）新能源场站短路比：新能源接入系统前，汇集母线处的短路容量与新能源场站出力的比值。

（5）新能源多场站短路比：新能源场站并网点的短路容量与考虑其他新能源场站影响后的新能源等值功率的比值。

短路比计算分析用于衡量直流或新能源场站所连接交流系统的强弱。

372. 在线计算时如何划分新能源多场站短路比指标？

按照新能源场站并网点的多场站短路比，对新能源接入交流系统强度水平进行划分：①强系统 MRSCR 大于 3.0；②弱系统 MRSCR 为 2.0～3.0；③极弱系统 MRSCR 小于 2.0。

对于新能源多场站接入交流系统情况，新能源发电单元升压变低压侧的多场站短路比应不小于 1.5，且新能源并网点的多场站短路比应不小于 2.0 且宜大于 3.0。

373. 小扰动动态稳定性的判据是什么？有何要求？如何分类？

小扰动动态稳定性的判据在频域解上表现为各个振荡模式的阻尼比大于 0。

为保证系统具有适宜的小扰动动态稳定性，系统阻尼比应满足：①在正常方式下，区域振荡模式以及与主要大电厂、大机组强相关的振荡模式的阻尼比应达到 0.03 以上；②故障后的特殊运行方式下，阻尼比至少达到 0.01～0.02。

阻尼比小于 0 时为负阻尼，系统不能稳定运行；阻尼比介于 0～0.02 为弱阻尼；阻尼比介于 0.02～0.03 为较弱阻尼；阻尼比介于 0.04～0.05 为适宜阻尼；阻尼比大于 0.05 时，系统动态特性较好。

374. 在线短路电流辅助决策有哪些？

在线短路电流辅助决策主要采取下列几种调整策略：①停运发电机；②停运线路；③停运主变压器；④投入串联电抗；⑤母线分列运行；⑥线路出串运行。以上措施中，前四种是基于设备投停的辅助决策措施，后两种为基于站内拓扑分析的辅助决策措施。

375. 提高静态安全分析裕度的措施有哪些？在线静态安全分析辅助决策有哪些？

（1）设备过载（包含基态过载及 $N-1$ 过载）。

1）合理安排电网运行方式和接线。

2）设置相应的稳定限额。

3）布置自动装置，充分利用现有线路的输送能力。

4）调整机组有功、无功出力。

5）保证合理的有功备用。

（2）设备电压越限。

1）设置母线电压控制范围。

2）调整机组、调相机、静止无功补偿装置的无功功率。

3）投退电容器、电抗器、交流滤波器。

4）调整变压器分接头。

5）调整直流输电系统功率或电压。

6）调整交流系统运行方式。

7）为自动电压控制装置制定合理的自动电压控制策略。

8）按照"分层分区、就地平衡"原则合理配置无功补偿装置。

9）保证合理的无功功率备用。

在线静态安全分析辅助决策常用的调整措施包括：①调整机组有功出力和无功出力；②调整负荷水平；③调整直流功率；④线路投退；⑤电容电抗器投退；⑥变压器分接头调整；⑦SVC 投退。

376. 提高小扰动动态稳定性的措施有哪些？在线小干扰稳定辅助决策有哪些？

提高系统小扰动动态稳定性可以采取两方面对策，即一次系统方面的对策和二次系统方面的对策，具体对策如下。

（1）一次系统。

1）增强网架，减少重负荷输电线，并减小送受端间的电气距离，从而减小送、受电端之间的转子角差。

2）采用串联补偿电容，减小送、受电端的电气距离。

3）采用直流输电方案，使送、受端间不发生功率振荡。

4）在长距离输电线中部装设静止无功补偿器（SVC）作电压支撑，并通过其控制系统改善系统动态性能。

（2）二次系统。

1）采用电力系统稳定器（PSS）作励磁附加控制，适当整定PSS参数可以提供抑制低频振荡的附加阻尼力矩。

2）利用SVC装置的附加控制及直流输电附加控制或直流功率调制提供低频振荡的附加阻尼。

3）采用线性最优励磁控制器或理论性能更好的非线性励磁控制器作为调压装置，并在其中适当引入速度或功率反馈。

4）在满足调压精度和暂态稳定需要的前提下降低有关机组励磁调节系统的放大倍数。

5）紧急状态下在条件许可地点可将快速励磁退出，改为手动或常规励磁。

在线小干扰稳定辅助决策的主要策略为调整机组有功出力和无功出力。

377. 提高静态功角稳定性的措施有哪些？

系统静态功角稳定性研究表明，提高极限传输功率即可提高系统的静态功角稳定性，因此可以采用以下措施。

（1）采用先进的自动励磁调节系统。通过装设先进的励磁调节器减小发电机电抗，相当于缩短了发电机与系统之间的电气距离，从而提高了静态功角稳定性。

（2）减小线路电抗。提高线路的电压等级，采用分裂导线，采用串联电容补偿器。

（3）改善系统网络结构和维持电压的能力。增加输电线路的回路数，加强受端系统的结构，在线路中间变电站配置静止补偿器或调相机，并配备先进性的励磁调节装置，维持中间变电站高压母线的电压恒定，从而将线路等效分为两段，提高静态功角稳定性。

378. 提高静态电压稳定性的措施有哪些？在线电压稳定辅助决策有哪些？

（1）投入必要的发电设备。在事故期间或当新线路或变压器被推迟投运的时候，运行不太经济的发电机以改变潮流或提供电压支持。

（2）串联电容器。使用串联电容器可以有效地减小线路电抗，从而降低无功网损。基于这一措施，联络线路可以从一端的强系统向另一端的无功功率短缺系统传送更多无功功率。

（3）并联电容器。虽然并联电容器的过分使用可能是电压不稳定的原因之一，但有时附加的电容器也能解决电压不稳定问题，因为此时可以在发电机中预留出"旋转无功储备"。通常，所要求的无功功率大多是就地提供的，而发电机主要提供有功功率。

（4）静止无功补偿器（SVC）。SVC和同步补偿器配合使用对控制电压和防止电压崩溃是有效的，但必须认识到它有很确定的极限值。当一个超过了规划值的扰动使SVC达到顶值时，系统中的电压崩溃会与SVC有很大关系。

（5）较高电压水平运行。在较高电压水平运行，使发电机运行在远离无功极限的状态，因此帮助运行人员预留了对电压的控制。

（6）低功率因数发电机。在无功短缺或需要大无功储备的地区新增发电能力时，采用功率因数为0.85或0.8的发电机为宜。

（7）利用发电机无功过负荷能力。发电机和励磁机过负荷的能力可以被用于推迟电压崩溃。在此期间运行人员可以改变电网运行方式或削减负荷。

在线电压稳定辅助决策主要有采取投退并联电容器、调整机组和调相机的无功功率等措施。

379. 提高暂态稳定性的措施有哪些？在线暂态稳定辅助决策有哪些？

一般来说，提高电力系统静态稳定性的措施都有助于提高暂态稳定性，此外，还可以采取一些相应的措施，具体详见表9-3。

表 9-3   提高暂态稳定性的措施

措施	简介	主要解决的暂态稳定类型
继保实现快速切除故障	既减小了加速面积，又增大了减速面积	功角稳定
线路采用自动重合闸	若故障为瞬时性故障，则增大了减速面积	功角稳定
发电机采用快速励磁系统，增加强励倍数	增加送端发电机励磁，提高发电机电势，使发电机输出的电磁功率增加	功角稳定
变压器中性点经小阻抗接地	短路时，零序电流通过接地电阻会消耗有功功率，使送端发电机输出的电磁功率增加	功角稳定
水电机组电气制动	当系统发生故障后，在送端发电机端迅速并联电阻，以消耗发电机发出的有功功率，即增大了电磁功率	功角稳定
汽轮机快关汽门	发生故障后，送端发电机快速减小原动机的进汽量，以减小原动机的机械功率	功角稳定

措施	简介	主要解决的暂态稳定类型
长线路中间设置开关站	在线路发生故障时，仅切除故障的一段线路，使故障后的线路电抗增加不大，从而增大了送端发电机输出的电磁功率	功角稳定
线路采用串联电容补偿	线路串联电容器可以有效地减小线路电抗，缩短电气距离，增大送端发电机的电磁功率	功角稳定
采用无功补偿装置	使用无功补偿装置对控制电压和防止电压崩溃是有效的，一定的电压支撑增加了送端发电机输出的电磁功率	电压稳定
换流站部署调相机	电网电网波动时，向系统提供或吸收无功功率，保持电压恒定	电压稳定
在系统中配置紧急控制装置，实施切机、切负荷策略	在送端系统切除发电机，以减小原动机的机械功率，同时在受端系统切除负荷，以保证频率稳定	频率稳定

　　暂态稳定辅助决策的调整措施包括：发电机启停及出力调整、直流功率调整、SVC 投退、电容电抗器投退、调相机出力调整、负荷调整等。在线暂态稳定辅助决策常用的调整措施包括：①降低送端发电机组出力；②增加受端发电机组出力；③降低受端负荷水平。